——新版——
小学语文同步阅读

搭石

DASHI

刘章 著

长江出版传媒 | 长江文艺出版社

目录

搭　石

我的家乡有一条无名小溪，五六个小村庄分布在小溪的两岸。小溪的流水常年不断。每年汛期，山洪暴发，溪水猛涨。山洪过后，人们出工、收工、赶集、访友，来来去去，必须脱鞋挽裤。进入秋天，天气变凉，家乡的人们根据水的深浅，从河的两岸找来一些平整方正的石头，按照二尺左右的间隔，在小溪里横着摆上一排，让人们从上面踏过，这就是搭石。

搭石，构成了家乡的一道风景。秋凉以后，人们早早地将搭石摆放好。如果别处都有搭石，唯独这一处没有，人们会谴责这里的人懒惰。上了点儿年岁的人，无论怎样急着赶路，只要发现哪块搭石不平稳，一定会放下带的东西，找来合适的石头搭上，再在上边踏上几个来回，直到满意了才肯离去。

家乡有一句“紧走搭石慢过桥”的俗语。搭石，原本就是天然石块，踩上去难免会活动，走得快才容易保持平衡。人们走搭石不能抢路，也不能突然止步。如果前面的人突然停住，后边的人没处落脚，就会掉进水里。每当上工、下工，一行人走搭石的时候，动作是那么协调有序！前面的抬起脚来，后面的紧跟上去，踏踏的声音，像轻快的音乐；清波漾漾，人影绰绰，给人画一般的美感。

经常到山里的人，大概都见过这样的情景：如果有两个人面对面同时走到溪边，总会在第一块搭石前止步，招手示意，让对方先走，等对方过了河，两人再说上几句家常话，才相背而行。假如遇上老人来走搭石，年轻人总要伏下身子背老人过去，人们把这看成理所当然的事。

一排排搭石，任人走，任人踏，它们联结着故乡的小路，也联结着乡亲们美好的情感。

1980年2月10日夜于石家庄北斗村

山林恋

记得小时候，村里在外头做事的如果中辍，乡亲们会说：“唉，他啊，三天看不见家里的烟筒冒烟还受得了！”也难怪乡亲们这么说，我真想念家乡的炊烟了。家乡的炊烟像大山的眉毛，美丽动人。家乡的炊烟是香的、甜的，因为那是烧芳香的柏枝化成的烟，是烧甜甜的枫木化成的烟，是烧野花芳草化成的烟啊。

人说，人一到老年，脾气往往变得跟孩子一样。我还不算太老，刚过不惑之年，却是跟孩子一样，常常想家，想那花儿鸟儿。啊，这两年，阴坡的映山红开花时，还是那样遮山盖岭吗？阳岭的山桃花还是那样似红云白雾吗？美丽的黄莺儿还在我家门前的山核桃树上做窝吗？杜鹃鸟还夜夜在门前的寿带花丛中啼叫吗？

啊，那雄伟庄重的大山哟，那海波般的森林哟，那火似的山花哟。美丽的家乡，到处是花草的沃土，到处是鸟儿兽儿的乐园。

我游过了祖国的许多名山大川，所到之处，总让我神魂颠倒，归来后赞叹不已。可是呢，平时和同志们闲谈的时候，又总是夸耀我的家乡，夸家乡的树多、草绿、花红。有一回我同几位诗人路过兴隆，我指着窗外的青山绿水说："美吧？这就是我们兴隆。"他们问："你家呢？"我指着车外的高山说："还在那青山之中，山更青，水更秀。"

自然，我的家乡也不是天上人间绝无仅有的。那年我上了黄山，见了那各式各样的杜鹃花就嫉妒了，心想：唉，为什么我们家乡的山上花草品种不多呢？见那天都峰、莲花峰也羡慕，心想：我若是天神，会施展法力，也叫家乡的山变成这个样儿。井陉县苍岩山下小溪里的石蟹也使我眼馋，想弄上几只，放到家乡的小河里去。

往事历历，似陈年老酒，愈品愈是有味道。春天里，狍子下山喝水，常常领着幼崽大摇大摆地走进篱笆小院；那一年王世家的嫂子清早去撒鸡，朦胧中见个毛茸茸的小东西睡在鸡窝里，她不敢动它，悄悄地回屋找来丈夫，啊，原来是一个小獾崽儿；一九七九年正月的一天，我正在屋里写着什么，听孩子们在外头欢叫，出门一问，才知道是野鸡钻到柴堆里了。

家乡的大山不只是鸟儿兽儿的乐园，更是革命的摇篮、生命的温床。如果不是山高林密，当年敌人三日一搜、五日一剿的，恐怕乡亲们是剩不下一半儿的。那年月，游击队和敌人周旋，负了伤，挂了花，总是到山里休养。妈妈常说，战士们打仗归来，进了屋，把枪一放，就说："哎，到家了。"前些年，雨无定时，风无定向，农民们的生活是很苦的，山里人总比山外人更幸运些，灯油钱、碱面钱都能向山去要。

我思念，我祝愿，愿青山常绿，绿水长流……

两三年不曾回去了，还是尺素常传，乡音常闻的，常常使我北望白云亲舍，思绪萦萦。听说乡亲们不只有了自留地、自留树，还分了自留山呢。我想，划分了地面，责任到户，人们会把春光染得更浓，把秋色染得更深，以丹心绣山，将汗珠蓄水，绝不会毁山求木，竭泽而渔的。我相信。

我行经黄土高原的时候，到处是黄土黄丘，偶尔有一棵高树，竟有三四对喜鹊在上面做窝，看了叫人可怜。那时我就想到家乡，将来可别变成那个样子。在延安附近，有个万花山，传说那里是巾帼英雄花木兰的故乡，山下农民姓花的不少。万花山柏树葱郁，野花繁多，柏木丛中开着美丽的野牡丹。这就是黄土高原被破坏前的形象吧？领我们游山的同志讲，从前野牡丹多得很，都被农民割下当柴烧了。我听了，心，为之一悸，马上想到家乡满山的映山红、山桃花，也常被人割下当柴烧，它们会不会有一天也会变成稀罕之物呢？

我应该给家乡写信，告诉青年们，打柴的时候，不要割山桃花，不要割映山红；告诉孩子们，不要掏鸟蛋。

我爱家乡的大山，此情绵绵，希望它锦上添花。

1983 年 8 月 7 日

饱　山

我们山里人说："饱山，饿城。"

这话是什么意思呢？山里人懂，平原或城里人恐怕不懂。其实我一说你就能明白。

在城里，如果你衣袋里没装钱，你想吃一根冰棍也难，面对着花花绿绿的瓜果，你只有眼馋，更不要说下饭店饱吃一顿了。过去山里人穷，进城没钱买吃的，往往挨饿，因此说饿城。

那么，为什么说饱山呢？是说山里有吃的东西，东一口西一口便能填饱肚子。

在燕山深处我的家乡，春天的花儿一落，果实便接连不断了，只要你有好胃口，山里总有可吃的。

初夏，耪头遍地的时候，桑葚熟了，地边上，一树树桑葚红得发紫，黄鹂鸟在绿杨林里啁啾，小朋友爬到树上采摘桑葚，大人们逗孩子，翻译鸟语，说黄鹂说的话是："你吃桑葚黑屁股，我吃桑葚油嘟噜……"孩子们不怕黑屁股，顾嘴不顾腚，美美地吃着。密林里，云崖上，桑葚多得很，牧牛人、采药人尽情地享受，人们吃不过来的便留给山鸟和松鼠们。

山樱桃也熟了，在阴坡的林间，一颗颗，一粒粒，晶莹、透明，如露珠闪闪。山樱桃是不能独吞的，因为谁吃了山樱桃脸上便放出光泽来，瞒不住人。人们采了樱桃留给父母，或留给情人和好友。人们在山谷里锄地，休息时便到山坡去寻觅，寻觅甜蜜，寻觅柔情。

六月天，连阴雨哗哗地下，小朋友唱着歌谣："小雨哗哗下，黄瓜爬上架……"雨洗着万山翠绿欲滴，山山岭岭到处是瀑布流泉。这时候，托盘果熟了，一丛又一丛，一片又一片，托盘果像红宝石托在翡翠色的果盘上，少男少女采摘、品味，果汁染红嘴唇，像抹上口红。

一过立秋，猕猴桃熟了，什么野果都成熟了。那山核桃一串一串垂挂在高树上，风一吹，成熟的果实从枝头落下，落地有声，果皮炸裂，露出刻满甲骨文似的山核桃，人们砸开硬壳取仁，芳香飘溢，利脑又利肝肾；榛子也熟了，一坡又一坡，山里人顺手采，轻轻地砸，那叮叮的击石声伴流泉歌唱；山梨也熟了，树树垂金，有酸的，有甜的，任挑任选，随心所欲；还有松子、柏子，吃下可以延年益寿，身轻体健。

假如你有雅兴，约好友二三，携美酒一壶，带上铝锅、油盐和佐料，到大山里品秋，采野菜鲜蘑，带露煮鲜，那情境，不似神仙，胜似神仙，保证给你个皇帝也不去做。

然而，并非世界所有的山都是饱山，那多次经过兵燹的，那经过掠夺性采伐的，是难以饱人的，只有那保持了原始自然生态的深山老林才是饱山。

1994 年 5 月

野菊花

为了提醒自己，我常常把要写的东西在小本子上记个题目。“野菊花”这三个字在我的小本子上出现，至少也有七八次了。

我为什么总惦记要写野菊花呢？我觉得它确实长得美丽而繁茂，有鲜明的个性，具有诗的气质。

野菊花有黄的和白的两种。

那黄的，多数开在阳坡山岩上、墙缝里或公路边。一到秋天，我的家乡山道两旁野菊花开了，一丛一丛，蓬蓬勃勃，黄花掩着绿叶，整个山路，像是用金子镶起来一样。啊，艳阳高悬，碧空如洗，秋风送爽，花香阵阵，百虫声幽，流水潺潺，那情，那景，叫你陶醉。如果你是歌唱家，你不唱才怪呢！如果你是诗人，在构思着什么，在那样的境界里，一定能很快吟诵成篇的。

那白色的花则是另一番韵味。说白花，其实并不都是纯白。有粉红的，有淡紫的，也有天蓝色的。它们喜欢开在朝阳的山坡上，像盆口儿、锅口儿那么一团又一团，老远就能看见。如果你白天没留心，到了晚上，你还会以为是下了霜雪，或者是飞来了白云呢。

它们这么耀眼，是喜欢炫耀自己吧？那才不是呢。在茂密的森林里，在葱茏的灌木中，它们到处安着家。有的花在凛冽的寒风中就已经长叶吐芽，等待着春天。它们不和树木争阳光，不和青草争土地，在树根下，在岩缝里，悄悄地生着根、开着花、吐着香。原来，越是别的花木生长困难的地方，它们越是能顽强地扎根生长。我见过，一个灌木丛生的山丘，如果春天被火烧过，或者把茅草割得干干净净，到了秋天，你看吧，一座山就是一个大花团，似云、似雾，千姿万态，那丰富、那美丽，叫你目不能移、脚不愿动，甚至，你一辈子都不会忘记。

就是这样，那一朵朵金色或银色的小花，它可以东一枝西一枝悄悄地开，也可以一下子开成花的山、花的海，叫天上的游云吃惊，使地上的寒流生畏。

我多么爱野菊花啊，它们不畏环境的险苦，深深地植根泥土，从春到夏，不断地吸收、孕育，不怕那“一年三百六十日，风刀霜剑严相逼”，开出花朵，让秋天“不似春光，胜似春光”。

我爱野菊花，还因为它可以入药，它性凉、味苦，可清热解毒，还能起到明目的作用。人的眼睛是心灵的窗户，如果明亮无尘，能很好地察人观物，理解这大千世界，爱自己所爱，恨自己所恨，那该多么幸福。

可是，我总惦记写它，还有另一番情思。

我的家乡，曾经是伪满洲国“西南国境”。日本侵略者实行“三光政策”，我们的房子被烧光、东西被抢光、人几乎被杀光，鬼子三天两头搜山、烧山，不只人遭荼毒，无知草木也遭践踏！美丽的山乡小道，洒下怨恨，花草凋零，连生命力那么顽强的野菊花也很少见了。

记得一九四五年的秋天，我才五岁，一天我和妈妈下田找菜，妈妈掐了一枝路边的野菊花，久久地看着，自言自语："啊，今年野菊花开得这样厚哇！鬼子都跑哪儿去啦？也许快倒了吧！"啊，我们一天天在山林里跑啊，藏啊，吃不到一顿像样的饭，睡不到一宿安生的觉，为了不暴露目标，说话都不敢高声，这是怎样的日子！我多么盼望早一天把敌人打倒，我能上学念书，能跳，能唱啊！敌人真的要倒了吗？我睁大眼睛看着野菊花，真想问它：是吗？是吗？

人们恨透了敌人，或从胜利的消息，或从敌人的猖狂寻找敌人垮台的征兆，坚信自己是必胜的。

啊，妈妈的愿望实现了，不久，敌人投降了。就打那儿，我深深地爱上了野菊花。长大了，从春到夏，我观察着它们的情态，体会着它们的气度。每一见它都别有一番滋味在心头。

野菊花啊，它开在故乡的山野里，也开在我的心上！

1978 年秋

兴隆啊，我的故乡

床前明月光，疑是地上霜。

举头望明月，低头思故乡。

清早起来，漫地银辉，是月色呢，还是秋霜呢？于是，我想起了李白这首诗，多么有生命力的诗篇啊！才用那么几个朴实无华的文字，就道出了游子的一片情肠，而且千古如是。

本来，石家庄是很热的，一过霜降马上凉了。渐渐地，草木摇落，白露为霜，天高云淡，北雁南翔。

花开叶落，容易使人思念家乡，如果再有一丝一缕的乡音来牵动，免不了要归思难收呢。头几天，兴隆县委办公室朱呈云来信，说是全县粮果都获得了大丰收，动我乡思，恨不能一脚跳回去，把每个场院的粮香和喜悦都捧回一把。尽管因事淹留，可那水远山高，是阻不住我心上羽翼的。

人的眼睛，虽然是肉长的，但在看他所爱恋的东西时，不仅能穿透云雾，也能穿透大山。我看见，在万山红遍的峰峦之中，那一个个粮堆似金，腾着霞彩，那一条条流水如弦，迸着欢笑，那果乡大道上汽车的笛声，分明响在耳边，和隔壁河北艺校的梆声、弦声交融在一起；梨果的甜香，撒满沟，荡满谷，裹在南来的北风里，沾在大雁的翅膀上。

兴隆啊，我的故乡，我为你的丰收祝福、歌唱；勤劳的乡亲啊，请接受我千里之外投去的尊敬的目光！

故乡，在每个人的心目中都是最美好的字眼儿。

就在不久前，我到过福建厦门，日光岩上，欣赏过浩瀚的东海；我到过云南大理，洱海之畔，遥望过神奇的苍山；我到过广西桂林，泛舟漓江，清波上留下身影……我爱祖国的名山大川，所到之处，乐而忘返；可是，故乡却时时刻刻在我心上，一草一木都挂肚牵肠。

故乡生我养我，我献给她的，只有一颗痴心、几行文字。我恨，恨自己没有柳永那样的才气，因为他写了“有三秋桂子、十里荷花”的“东南形胜”，使金主完颜亮读了竟有南渡之志。但我有义务用我的笔告诉同志们：我的故乡兴隆县是富饶而美丽的！

也许，有人说：那深山老峪有什么可爱之处呢？不，它的富饶、它的美丽，正是在那深山老峪之中哟！如同那北京王府井的百货大楼，它的外观并无与众不同之处，可是，当你走进去的时候，你会感到五光十色，琳琅满目，使你目不暇接了。

兴隆是有名的花果之乡，山里红居全国第一，板栗居第二；它有庄重、伟峻的大山，有茂密的森林，有叫不出名字的飞禽，几乎是队队养羊，山山放牧，那百草千花之中，有采不完的珍贵药材；它有梯田连云，五谷俱生；它的地下，埋着煤炭、铜、铁、铝、锌等各种宝藏。

你读过唐朝诗人张志和的《渔歌子》吗？那词写得极有意境。你看：“西塞山前白鹭飞，桃花流水鳜鱼肥……”我的家乡横河便产那种名贵的鳜鱼。一到春天，南岭杜鹃似火，北岩桃花如云，火舞云飞，夹着碧水似染，偶见鹳鸟飞起，时见银鱼跳波。这不也是一首《渔歌子》吗？

你到过我们的花果乡吗？哎呀，春天，桃花开时，火的浪；梨花开时，云的海。那山，那田，那果乡的社员，尽日在花香里浸泡着！花，花，花。看不尽的花，飞不完的花。栗子花落时，满地铺金，香浸泥土，人们一篓一篓捎回来，点火煮饭，房子里是香的，院子里是香的，连那缕缕炊烟都是香的，冲天的香气逗得白云流连欲滞！如果你去时赶不上这美妙时节，也不必惋惜，我家乡的秋色亦会令你心醉。倘若你走路时不小心，压弯枝头的果子会碰得你头疼。但你不要只顾头上，不顾脚下，如果踩在栗子上，它一滚，会叫你跌跤子的。自然，那跤子是会使你感到惬意，因为换个地方是求之不得的。

山川，如画；流水，似歌。就连那山名村名，也像诗一般对仗，有声有色。你听：青灰岭、红石砬，大龙湾、老虎沟，九神庙、三仙洞……

故乡像我的眼前花，千姿万态，百看不厌；像我的心上人，日日思念，意挚情深。春日里，几天干旱，我想到它的满地禾苗；秋天时，寒流侵肤，我担心它过早落霜……我和它有命运的联系，血肉的感情啊！

兴隆是富饶而美丽的，也曾经是多灾多难的。

清朝的皇帝，要在马兰峪埋下他们的几根骨头，曾把兴隆划为“风水禁地”，逼得人们逃亡四方。一年年，野水无人渡，山花寂寞红！

日本侵略者的铁蹄，肆行蹂躏，血溅黄沙，骨暴荒野，山成焦土，田生蒿莱。岁月流逝了，这些是不能从人们心上磨灭的。

如今，春风啊，把天上的云和人民心头的雾一起吹散了。美丽的兴隆，又是一川柳丝、满山花卉、遍地芬芳了，怎不叫人由衷地高兴呢？

眼下正是秋收季节，我想，粮果丰收，人们的思想也一定是丰收的。人们不会忘记付出重大代价得来的经验。兴隆的儿女，再不会叫自己的“碧岭再辱，丹岩重滓”。

乡情荡胸，把笔临窗，望故乡，苍山巍巍，碧水滔滔。

兴隆啊，祝愿你春风满面，永远兴隆！

1978 年 10 月 19 日—11 月 2 日写于石家庄

有声有色有味的家

在石家庄青园街的南头“庄边”上，有我一个家。家在三层楼上，窗前没有楼房挡着，头上没有别人的脚步声，冬有暖气，夏有空调，算个比较舒适的家。我在这个家里读书、写作，迎日出，送日落，闲暇时心里头却总想着燕山深处兴隆县上庄村那个家，那个有色彩的家，那个有声音的家，那个有滋味的家。

家有色彩吗？有。家是门前那一片片映山红、青松林、梨花、山桃花，红白交辉，飘香阵阵；家是门前两株垂柳绿丝与妻子头上青丝齐飘；家是夏日屋前屋后的绿禾，如碧水，拥四间瓦舍为舟；家是秋天屋前屋后成熟的庄稼，金黄金黄；家是房后的枫树、柞树，经霜秋红；家是冬天雪后的水晶精舍……家是丰富的生命色彩，家是意味无尽的一首诗。

家有声音吗？有。家是远山野雉和山雀呼朋唤侣的悠悠啼叫声；家是门前柳树上喜鹊喳喳的报喜声，在喜鹊的报喜声中，迎接过姑姑姐姐住家，迎接过文朋诗友来访；家是圈里母猪的哼哼的要食声，小猪滋滋的吃奶声，母猪长，猪崽长，我家的日子就长；家是母鸡下蛋后咯咯哒哒的报功声，母鸡是我家的小银行，油盐酱醋、孩子念书纸笔全靠它；家是收音机的音响，从收音机里我了解了世界的大事、国家的大事，活得明白；家是锅碗瓢盆的交响，省吃俭用，从未断炊，一家三代，其乐融融；家是夏日听雨声雷声泉声，是冬日听牛羊归栏的碎蹄声，更是儿女们甜甜的呼爹唤娘声……家在大自然与人类生命共同的交响中，家是兴旺，家是蓬勃。

家有味吗？有。家是窗前菜畦里的莴苣，家是瓷盘里的苦荬菜，有苦味，苦中有香；家是窗前一串串红辣椒，有辣味；家是大山里红，酸酸的；家是房西树上的大柿子，甜甜的；家又是猪圈墙根下的香椿树，把臭的粪肥化作香香的绿叶；家是烧松柏枝和野花枝生成的淡淡炊烟，也是香的。家是院里篱笆上的黄瓜、豆角，家是院外瓜架上的木耳，可口鲜嫩；家是屋后垂窗的桃子、杏子，那果子，伸手可取。家的滋味，是最美的滋味。每当我从外面归来，老远便能闻到妻子煮玉米的粥香，或炒菜的葱花儿香，这种享受是山里闲散人家、平头百姓的独特享受。帝王享受不到，他们不近厨；闹市大镇的人也享受不到，他们闻到之香，未必便是入口之香……有滋有味的家，是最美的家。

啊，我燕山里的家啊，我思念你！

燕山深处的家，篱笆是透风的墙，山里人活得坦荡、安然，那里盗稀贼少；燕山深处的家，屋里有泥巴炕，人与泥土亲近，冬暖夏凉，人情不菲。

1999 年 1 月 4 日作

老　屋

老屋并不老，建于一九六三年。

老屋本不叫老屋的，那块地原叫栗子树。一九九一年，我侄丰硕知我思它、念它，为我画了写实国画儿，大概觉得用“旧居”欠妥，那是对大人物住过屋的贵称，于是写了“老叔老屋”。

那块地原有一亩多，成三角形，在一带北山小丘下，左右各一丘，成臂弯。前面隔层层梯田是南山，此地名娘子沟，多青冈树、山杨，花草鸟兽与新房子南梁无大异；其西约一百五十步即我家那小村两沟季节水交汇的砚潭，东行五六十步便不属西沟了。山里选宅难，许多人看上这地方，并都请风水先生看过，只因吃水难，个个摇头而去。我读书留意过关于水脉方面的知识，有谚云：“两山夹一嘴，不出黄金必出水。”我还注意到，在石灰岩地貌地区，有花岗岩石线处往往有泉。其地西头，既属于两山夹一嘴处，又有花岗岩石线，应该有水。一九六二年秋，我和妻在石线下挖泉，离地三尺见渗山水，足够一家食用，于是选为我宅。

一九六三年春破土动工，并无什么准备，也无力做什么准备。木料取自自家祖业二道沟山场里，已入社，还未作价，我用记账；砖瓦用大队的，叔父看粮库，妻子卖猪，交一半儿款，另一半儿暂欠；瓦匠木匠是叔父和四哥；山里人盖房实行请帮工，可是管不起饭，只有全包，包垒墙费是八十元。正愁无着落，百花文艺出版社出版了《河北诗抄》，选了我《五凤山之歌》，寄来九十元的稿酬，如救苗雨，如送帆风。

以往的农村，人的一生两事为大，即娶媳妇和盖房子。我盖三大间一小间，小间准备做书房。盖那么大小四间房，缺东少西，借借找找，颠颠跑跑，其苦、其累，不堪细述。我儿向东才两周岁，也往房场扛过镐，送过小工具。盖完房子，我称了称体重，掉了十六斤！妻子瘦如黄花，形同衣架！毕竟完成了一件大事，我的养父，背着他的长孙、我的长子向东，围房转，笑眯眯地说："干柴细米，不漏的房屋……"他一生做瓦匠，给自己只盖过一次房，我也是。

盖完房子，便忙于在屋前屋后种树种花，为此我写过《故园花木小志》，那花、那树，是永远也拔不掉的我扎根在故土的深深的情。是年秋，又从我家南沟抬来石磨，从十几里外远山三道岭子请来石碾……一句话，万事从头起。那碾、那磨，都是乡情的砝码，多一个，重一分。我在长调古风《家山词》里有句："树下石碾妻推转，四山花影映人面；思来石磨涕泗流，蔷薇依旧篱笆院。芍药岁岁出新土，老屋年年归旧燕……"诗句是泉之喷涌，是花的怒放，是生命的歌吟。其冬，挖后山，垫高前院；次年春，将房西山岩下小坡改成小梯田，其实说是田，小的仅一厘多，大者二厘多，垒田之石，如碗、如茶杯。当一个人意识到自己的劳动与生存环境密不可分时，劳动便成为一种享受。我每天到队里干活回来垒那几小块地，拿一块块石头如掂量用字，有时至月上，妻子几回催吃饭，回屋好歹吃完，还去欣赏。

住进自己建成的屋，像是温暖在自己的手掌下。我的四个孩子除了长子向东生于妻娘家的小镇半壁山外，其他三个都生在老屋，我在老屋里初尝人生的天伦之乐。冬天大雪纷飞之夜，家山成水晶世界，独住一家，一家人相依相偎，倍感温馨；夏日阴雨连绵，山如海奔，砚潭瀑响，只有一家人对语可闻，骨肉情重。更让我经常回忆的，是黄昏后的外出归来，望见映窗的头影，这时孩子也听出我的脚步声。有一个喊了一声："爸爸回来啦!""哗"的一声冲出屋，扑入怀，无限甜蜜！老屋是一颗人生果，让我体验到人生是多味的。那时还没通电，自然无电视，我用一台半导体收音机收听广播，辨别真伪度，辨别可信度，思考天下变幻着的风云。老屋也是一个炉，冶炼着我。

我建老屋，也有过深谋远虑，为防止地基下沉，在柱顶石下钉上了柏木钎子；为了夏日闲时乘凉，我在门外柳树下摆了两块大青石，后来听说那是很珍贵的黑理石，新近我侄福红在石上刻了"刘章故居"四字。为老屋通向乡情，通向友情，通向更广阔的生活，我在房东把小路加宽，在砚潭边北丘上开了"之"字小径；我在碾道边种了核桃树，夏日自成凉棚，冬日叶落不阻日光；我的井架用活柳，永不腐朽……可是，我从一九六三年到一九七九年，仅住了十六个年头。

写到老屋，情也难止，笔也难收。

有人劝我卖掉老屋，我不卖。我怎么能卖呢？那是我灵魂的家园。乡情是一杆秤，老屋是砣，它在那头，我在这头。我不卖，也不让孩子卖。我儿向东深知我心，有题为“五月五日，父亲对我突然说起老屋”诗，诗中说：

> 老屋在老家，瓦盖泥墙，
> 不拆，不卖，也不租赁。
> 父亲说：任它风剥雨蚀，
> 也总是梦归的眠床。

他记住了，他理解了。他说：“父亲，你是想告诉我/一个人的一生/只有回家/这一条路吗？在我生日这一天/指给我一所灵魂的暖房。”

我知道，老屋终会倒坍或者易主，不倒不易的是我的这份情、我的短文。

1997年12月13日—14日于鹊巢—青鸟屋

门前垂柳

我屋门前有垂柳二株，都已一搂有余，分立左右，枝冠相连，柔丝垂地。无论晨昏，思乡情动，二柳如在眼前，飞飞扬扬，思绪缕缕。

其实这二柳也算是下乡的青年呢。

一九六四年四月初，我从保定参加省创作会归途，路过北京，见街上树木犹冬，只有垂柳吐出鹅黄嫩芽儿，春在枝头，甚为可爱。我忽然想到，家乡山上那么多种树木，可惜没有垂柳。于是，我觅了被人折下扔了的仅有毛笔杆粗的一根条儿，用湿毛巾裹起，拿回家去，栽在檐下，没想到它竟然生根、吐芽，一年长了三四尺高。次年三月末，又于承德离宫内拾得同样粗一枝，也栽活了。等它俩长得过人，移栽到门前。柳是刚柔并蓄的。它们春天最早吐绿，秋天最晚落叶，袅袅婷婷，温柔多情，给我们小山沟添了韵味。

我家于一九七九年末迁来省城，四五年的光阴，家乡变化很大。三哥告诉我，这两年来找垂柳栽的很多，近的来自梁后，远的来自四五十里之外的洒河川。少的砍上三根两根，多者砍上百八十斤，不用说那是育苗去了。有人称之为“刘章柳”。

这真是我没有料到的。

我站在树下抚摩树干，沉思良久。想不到笔杆粗的两根柳条，要到处送绿播荫了。当初我为了炎夏乘凉，到处寻觅，抬来两块几百斤重的青石放树下，可是并未坐过几次，可见前人栽树是要后人乘凉的。

离家的时候，我留意横河川，果然见一川垂柳。我想，若干年后，我的家乡横河川、洒河川，到处垂柳依依，千条万条，迎风起舞，紫燕飞飞其间，少女翩翩其下，让人不禁神思驰骋。陆游在他的《梅花绝句》诗里说：“何方可化身千亿，一树梅花一放翁。”我敢说，我正在化作千万株垂柳，吐绿飞花，亲吻着故乡的泥土。

1985 年 6 月 30 日夜记

屋后松柏

我的童年是在抗日烽火中度过的。因为松柏的叶不凋落，叔叔哥哥们在山头站岗放哨，都用松柏做消息树。那时，我家在一个叫头道沟的山洼里搭个窝棚，一年要被敌人焚烧多次。我刚学会走路，每天跟姐姐到小阴坡山头去瞭望，消息树一倒就往家里跑，告诉大人，敌人来了！

我屋盖成之后，常想：愿世世代代安居乐业，莫动刀兵，永熄战火。“栽松不让春知道。”在秋天上冻之前，我便在房子前后左右各植幼松一株。可惜的是，因为我每日要听新闻，买了个半导体收音机，放牛的刘文奇叔叔，为了听戏，冬天总到我家附近放牧，前、右两株因栽在平缓地方，都叫牛用角窝断了，只剩下东岭险处和屋后柴丛里的两株免于罹难。

我家山岭上有许多柏树，都生在云崖之上、石缝之中。我采了柏籽，在后山石砬缝里插孔而种，第二年都出来了。由于石缝深浅不同，种在缝浅处的因过于干旱而死，只有两株活了下来，渐渐长大，如今已经像两把绿伞斜挂于石砬之上了。

岁寒知松柏之后凋。一到冬天，屋前屋后，落叶飘落，难免使人感觉凄清。只有松柏，由夏日碧绿而转为苍翠，寒风一吹，萧萧有声，使人昂扬，使人激奋。大雪飞扬，大岭鸟稀，小径人少，屋前屋后，白茫茫，冷清清，只有松柏像画在宣纸上的丹青画儿，韵味无穷，气象万千。

峣峣者易折，佼佼者易污。树木若长得太直，到了成材的时候，容易让人惦记，早遭斧锯。于是，等松树长到七八尺高的时候，我便去其尖。既然栽树，又不让成材，何也？我是想让它永远站立着，站立着，成为永不倒的消息树，并让后来者爱我河山，自强自励。

故园的松柏是我昨日的希望，明日的身影，永驻故土，向红日，迎春风，萧萧高歌。

1985 年 7 月 2 日记

家乡的土杏

在果树里，杏花是开得最早的，因此，古人写杏花诗也出名句多。最有名的是宋人叶绍翁的“满园春色关不住，一枝红杏出墙来”。其次是北宋陈与义的“客子光阴诗卷里，杏花消息雨声中”。此外，范成大的“红粉枝头一万重”，杨万里的“杏花雨里带春回”，都甚佳。杏树遍生大江南北，花早而丽，人们经一冬霜寒雪冷，一见杏花，感情迸发，故诗人情炙而诗味浓。

我的家乡小村多杏树，且以土杏为主。树大，可嫁接大扁、串儿红、香白等优良品种。土杏有野生的，也靠人种。人们种在宅边院旁，地边地沿。一到春天，家家杏花开，山山杏花开，深红、浅红的颜色，缥缥缈缈，恍如仙境。若遇细雨蒙蒙，啼鸟声声，境雅绝伦！

土杏或按颜色，或按个头，或按口味，分为多种。在我们小村搭梁到小沟里有棵赛珍珠，杏子个小如鸟卵，极甜；在我家房东有棵里熟杏，皮还是青的，肉已熟透，味清香；在南山沟下，有蛤蟆杏，个大而扁……此外，还有形同倭瓜的倭瓜杏，金黄金黄的颜色；有核不离肉的黏核杏，等等。杏子熟时，正是麦锄时刻，草绿山青，几树摇金，是山里人最早的水果。现吃现摘，极开口胃。家乡有农谚“桃饱人，杏伤人”，杏子火大，不可多食，食多烧心。我曾在一篇题名“杏子”的散文里写过，一村妇患精神病极重，百医不治，因贪吃一筐杏子大吐黄水而愈。这有道理。据说斐济国产杏，人人食之，全国患癌者极少。也有不伤人的杏子。例如我上面提到的赛珍珠、里熟杏。我家蕨菜洼有一棵脆杏，熟而不烂，金黄黄，脆生生，吃多少都不烧心。

我也走过一些山村，未若我的家乡小村杏子品种多。何以如此？一因原始次生林，从未遭毁灭性破坏，故多天然品种；二因祖先们自家种地，注意引进。近年来，人们只注意经济价值较高的苹果、栗子，而未对杏子的优良品种加以保护，今多绝迹矣，殊为可惜！

我住进省城，除了在公园里，春天极少见到杏花，仿佛不知有春。偶游龙泉寺，见那里有几十株杏树，虽欠修理，毕竟成片。可惜年年春天，非忙即病，亦不得往观，只有“客子光阴诗卷里”，全无“杏花消息雨声中”。

2001 年

家乡的野菜

鼻炎、咽炎、胃炎、肠炎、肝炎、胆囊炎，一数，身患六炎，真可谓浑身是病，干脆，此后自号六炎诗人好了。

六炎诗人厌鱼肉，厌油腥，只想吃些青菜，尤其是野菜。过春节的时候，若非长子向东为我买来蕨菜和刺五加芽，满桌菜肴，真没我伸筷子的地方。住在这天下第一庄的庄头上，离庄稼地不远，能找到的野菜只有春天的荠菜，夏天的人参菜、马齿苋和灰灰菜。

一日三餐要与菜发生联系，因此也就一日三回思故乡，思念故乡的野菜。其实又何止于三次，思念这东西是无形的，说不定什么时候便悠悠而来。

家乡的野菜有多少种？没人调查过，谁也说不清。

最早的野菜要属苦苦菜了，也就是小说《苦菜花》里写的苦菜花。居九花（又名白头翁）刚开花的时候，山野里还满是枯枝败草，苦菜便在墙根下、阳坡洼洼里长起来了，大如盘，小如碟，家乡人叫它苦碟子，长得旺的一株可装一碟。将它剜下来洗净蘸酱吃，苦苦的，又香香的，可以清心降火。与此同时是羊妈妈、婆婆丁（即蒲公英）和一种名叫“山菜”的菜。山菜夏日开铃状小紫花，我以为它就是“毋忘我”，这种菜采下来便可食，有淡白奶浆，甜甜的，它是野孩子的美食。

到了谷雨前后，百草抽芽、树木生枝的时候，山野便是大菜园了。

阳坡乌叶树的嫩芽朱红朱红，红似火焰，采下来焯过，以清水泡三四日，炒而食之，先苦后甜，其味美无穷，菜名茉莉芽。阴坡的乱石滩里，刺五加芽碧绿碧绿，采下煮而食之，其汤如翡翠液，其味美不可以名状。此外，在七八百米高的半阴半阳山上，蕨菜嫩嫩，玉立亭亭，阴坡沟沟里的山黄瓜、山菠菜一片又一片，而杨椴林间的山葱亮得闪光，远山腐殖质土里的山韭菜有一指宽大叶，一丛可采一公斤！而此时，田里的曲曲菜正在出土，等到薅苗时节，绿叶红茎白根，长满田垄，锄草时铲下带回家中，用清水洗过，蘸大酱食之，微苦微甜，润肺又明目。曲曲菜繁殖得极快，一条根在下，几处生芽，一长就是一片。到了夏天，庄稼地里也有人参菜、马齿苋、灰灰菜。马齿苋可医肺病、痢疾，而人参菜可治妇科疾病。到秋天，山里有榛蘑、松蘑、粘窝蘑、猴头蘑、关公脸蘑和珊瑚蘑。珊瑚蘑形似红珊瑚，玲珑美丽，可惜不能晾晒，上不了正席，只能让山里人尝鲜。

其实，家乡的野菜远不止这些，我认得的还有马勺菜、山蒜、小蓟等，况且，还有一些恐怕至今未被人所认识呢。

这些野菜原本是度荒之物，如今已成为城里人求之不得的名贵菜了。例如蕨菜，据说有防癌作用，已经远销国外了。有些虽名贵，但产量不高，又难保鲜，难于上市场，它永远属于山里人，如山葱。物之贵贱亦如人之贵贱，也难说得清。家乡之所以有这么多野菜，是因为有原始自然林之故，假如破坏了原始的自然生态，有些野菜是绝对不可失而复得的。

1993 年 9 月

远村二粥

什么是美食？我以为，美食就是一个人最爱吃的食物，口感最好的食物。我因从来脾胃不好，最爱喝粥。记得我每次去作家郭秋良兄家，嫂夫人必以粥待之，并说：“他刘叔爱喝粥。”我在《诗刊》打工时，出版局食堂大师傅看到粥少时就说：“不卖了，给刘章留着。”而我一生最喜欢的是故乡远村那两种粥。

倭瓜粥

家乡小村，土地皆梯田，大者数亩，小者仅一二厘。笑话说，种田丢了地，压在草帽下，那是夸张，但一件皮大衣盖上一块田是可能的。因山高，水源不足，从不种水稻、小麦，只有玉米、高粱、谷子、杂豆。人们在梯田边沿种倭瓜，在玉米地里种豆角。到秋天，地边地沿到处是黄澄澄的老倭瓜，人们扛回家，堆在院里，灿灿耀金。从前种子不佳，耕作技术落后，产量低。冬天活不太忙，往往一日两餐，还要瓜菜代，最好的便是倭瓜粥。因为山区气温偏低，昼夜温差大，老倭瓜格外好吃。

做倭瓜粥时最好放上些芸豆。做法是先将芸豆放入水锅，再切瓜，放入玉米碴子。乡谚：“紧锅粥，慢锅肉，不紧不慢做豆腐。”山里柴多，干柴往锅底一填，开锅后不停地铲锅以防煲在锅上。芸豆熟，花纹清晰，莹莹美丽，如粒粒小雨花石。倭瓜粥金黄金黄，盛在盆里，强烈地吸引你，简直让人迫不及待。

倭瓜又甜又沙，芸豆又软又香，粥味香甜爽口，其味其状妙不可言。吃倭瓜粥最好不用什么菜，大葱叶腌制的咸菜除外。大葱开窍，倭瓜粥暖身，吃个汗流通体，气爽神清，感冒、头疼等小疾尽退。我吃饺子知饱，吃肉知够，而吃倭瓜粥恨不得吃到肚皮之外。

倭瓜，在江南叫南瓜。现代科学证明，可治糖尿病，可美容，难怪家乡小村无糖尿病患者，女孩子个个粉面桃腮了。

我把倭瓜子带到石家庄在小院种植，可惜只长茶碗大，不那么甜，也不那么沙。一方水土养一方人，话不虚也。

礤玉米粥

我在前面说，过去远山粮食打得少，往往陈粮接不上新粮。新粮未熟时，人们吃瓜吃菜，等到玉米定浆时，山里人便吃礤玉米粥。

吃礤玉米粥的办法是，先把水烧开，把掰来的鲜玉米用礤床礤到锅里（亦可用刀削），然后紧火煮熟。绝不可用冷水煮，否则汤是汤，水是水，不扯黏儿。方法就是这么简单。礤玉米粥清香可口，有粒有汤，又甜又嫩，极是开胃，又有营养。它的美味，非我用语言可描述，仅举一例说明它。

姥姥家离我家二十里，来去翻三山。抗战时候，姥姥家是高墙部落，归伪满洲国，我家则是抗日“无人区”。一年秋天表兄董全田逃学，偷越敌人封锁线来我家住两天，我家无粮，以礤玉米粥相待，吃得表兄美若神仙。回去让舅妈做，可因火候不对，不是那个口味，于是不怕过封锁线弹丸之险，又来吃礤玉米粥。

如今城里尝鲜，秋天买鲜玉米只知煮吃，不妨多买几个，做礤玉米粥，那是另一种口味。

2002 年 1 月 8 日

烟豹二洞志

山里的人们，靠山吃山。春天挖药材，秋天采树籽，打荆条。那真是，土里埋着金，树上挂着银。妇女们做饭问山，白天看山头日影，夜间看山顶星宿。刮风下雨也问山。每年冬天，我的家乡西山枫叶林中有个石洞，如果往外喷吐一缕缕白烟，人们就知道，要下雪了。那个洞叫烟洞，我常常望着那缕缕白烟，回忆童年。

烟洞在山冈上的乱石堆里，有一个能容一个人进去的石缝。进去后，上下左右都是岩石，能坐三五个人。里面还有两道石门，身体较高的人，只要稍稍弯腰就可以通过了。再往里走，洞穴就大了，能容纳五六十人。洞穴最后端石壁上有个盆口粗的石孔，冬天的烟雾便从这个孔道喷出。如果侧耳细听，里面有像人熟睡的鼾声。人们说，那里有巨蛇，因为长得粗了，爬不出来，但是从未见其伤人。烟洞下偏北四十余步，又有一个洞，叫豹洞。据说有一年人们追一只受伤的豹，追到这里，留下这个名字。进洞以后，可以弯腰行走，也有两道石门。半里以后，稍低一些，到底还有多远，就没人知道了。人们说这两洞是相通的，或许有一定道理吧。

我想，冬天的冷空气由豹洞流入，暖气由烟洞冒出，遇冷而变成了烟雾，也是可能的。那鼾声，很可能是气流震动岩石的音响。我总觉得大山是有情的，这该是大山的呼吸呢。

两洞的周围，风光绮丽。春天，岩上的翠柏转绿了，山鹰盘旋其上。那一树树山桃花如玉似雪，一丛丛榆梅似火若霞；盛夏，四周一片绿荫；深秋，红叶铺地。

我走过一些地方，也见过有名的桂林芦笛岩和七星岩，却从不曾淡忘这两个普通的石洞。不只是它可以知天气变化，更是因为它们曾和我的童年患难与共。

抗日那些年，我们无家可归。每次敌人来搜山时，成年男人们去和敌人周旋，老人们、妇女们、孩子们便藏到这两个洞里，这可算是兵荒马乱之年的安乐世界了。那年月，我们住在山里，什么财产也没有。饥时，一点山货大家分吃；渴了，用柞树叶接露水，冬天就吃雪。我的童年没有什么玩具车，也没有小人书，一听说敌人来了，抱着一个小枕头就跟大人跑。那时可听话呢，大人不叫哭就不哭。因为知道，一哭就没有命了。就是在这个山洞里，听妙娥姐姐给我讲狼外婆的故事，记得特别真。那就是我童年接触的文学。如果没有山，没这山洞，纵有十个八个的“我”，也早已尸骨无存了。

后来，我们搬到山下住，很少有机会上山去，怪惦记的。一九五八年，在洞下山地里劳动，约了鹏弟一同进洞看看。山下炊烟袅袅，笑语喧喧，鸡声远，蝉声近，抚今忆昔，很是感慨。还在石壁上写了几句话，记不起来了。近几年总在外边，常常悄悄地思念家乡。特别是谷雨前后，正是家乡山花烂漫之时，一想起家乡山来，总要想那两个山洞。啊，淡绿的山杨林外，榆梅花粉红可爱，鹧鸪声声："不如归去么哥""不如归去么哥"。好像妻子和孩子不是在门口垂柳下远望，而是在洞外的春风里、花丛中、鹧鸪声里。于是写了这样两首短诗：

其　一

童年回首意如何？避寇何曾惧豹蛇！
枪炮声中听故事，餐风饮露乐犹多。

其　二

多情苦恨愿相违，几次梅开人未归。
烟豹洞边花万树，鹧鸪声中雨霏霏。

山洞里度过了童年，我怀念山洞。但是，我们的后代再也不要住这样的山洞了，我们应该记着它，而且要告诉下一代，强国强民，奋斗不息！

1979年2月3日于故乡上庄村

渔　猎

我家乡的无名小河，流出红娘峪的怀抱，流过红石沟村，漂过花宝石，像山里人的情肠一样，没有多少拐弯，响叮叮的，银亮亮的，直直地流入横河，汇入洒河，又匆匆地奔向大黑汀水库，涌向天津。

山泉水清。因为一路山青草肥，便鱼虾丰厚，有鳜鱼、鳝鱼以及红翅、白条、泥鳅、沙里钻、老头儿、山根儿等。因水清沙浅，石头又多，无法下网，从前捕鱼都是用“梁”和“匿”。所谓梁，就是用高粱秫秸扎成排子，卷成喇叭筒儿（南方用竹编，称之为笱），在水流湍急处，导水归流，将圆筒敞开迎水而放，尖端架空，鱼随水而下入梁，水去鱼留。这个办法，古已有之，并非我的家乡独创，《诗经》里就有“毋逝我梁，毋发我笱”的诗句。所谓匿，就是在河水较深处垒石为墙，形如畜圈，留一敞口，里边放些鱼儿爱吃的食物，上压之以木柴石块，让鱼去寻食，去藏身。等鱼肥时将鱼能进不能出的虚笼放在出口处，再将柴草移走，使鱼惊慌入虚笼。这些都是很古老很文明的办法，因为小鱼可从笱或笼孔中漏掉，唯大鱼不能逃。

一九四九年后，有了开山的雷管、炸药和杀虫的农药，人们很少用上述笨拙费工的方法捕鱼了，或炸鱼，或药鱼，马到成功。炸鱼的人比较少，因为太危险，年年有人因不慎炸掉胳膊，甚至丧生。药鱼的人多，只要会撒药、会捡鱼就可以了。这个办法极易，却又太绝，大鱼小鱼，往往一齐死亡，上游吃鱼，下游吃有药物的水。可是从前人们没有意识到它的危害。

我也药过鱼呢。那是一九六七年七月的一天，晌午圈羊的时候，姐夫吴庆云约我药鱼，我便去了。新雨过后，浊流初清，鱼儿正逆水而上。我们试着撒下药粉，鱼儿很快翻白，药死的都是白条儿，因为它们嘴大。那天药鱼大获丰收，满足了牙祭。

一别家乡八九年，想那山，想那水。每逢家乡来人都问：河里还有鱼吗？回答说，很少了，都炸光了，药光了。听罢心中惨然。回家走在那河边上，不见游鱼穿梭，不闻泼喇之声，常常想起自己的过错，顿时生出一种对鱼儿的忏悔之情来。

1988 年

小山村的大年

年近七十岁的四哥刘印，在离我家不远的六侄女翠艳家住了半冬，我们都动员他在省城过春节，可是他走了，回到我们那燕山深处的小山村。我理解他，他是去享受小山村那浓浓的大年味儿。不要说一直生活在那小山村的他，我家迁入省城已经二十多年了，每到新春佳节，我的心天天都回那小山村。

我家的小山村，一共才不到二十户人家，一个个庭院零星地分布在一公里长的山坳里，除了两三户亲戚，都是共一祖坟的本家。小村群山环绕，山谷肚大口小，很笼气，夏日在草木飘香和蜂忙蝶舞里，冬天则是在“鸟鸣山更幽”的诗境里，一进腊月，便入渐馥渐浓的年味里。

山里人劳动强度大，出门就上山，非扛即背，一年一度的大年是唯一休闲的日子，因此对大年非常重视。一进腊月，男人们便准备干柴或用土窑烧点木炭，准备把大年的火炕烧得热热的，把屋子烘得暖暖的；女主妇则为孩子买布料、制新衣。这些，都在不知不觉中进行。拉开过大年的序幕则是扫房。家家把屋子里的东西搬到院子里，把室内灰尘扫净，把墙壁刷新，贴上年画儿，然后再把院子扫净，在门框贴上春联。等火红的春联被太阳晒淡了的时候，门前屋后的杏花桃花就开了。

家乡小山村最独特、最浓烈的年味莫过于家家宰猪时的家宴。小山村远离城镇，买肉不方便，因此家家养猪，自宰自食，腌腊肉以备一年之需。宰猪那天，将最好的肉下锅，以宴请乡邻。酒宴摆好，至亲至近必请到，小村的长者必请到。为了缓和矛盾，有时也请冤家对头。热炕暖屋，大块吃肉，大口喝酒，其乐融融。亲者糖里加蜜，仇者雪化冰消。独特的小山村年味，是有情味的诗。因为宴请长者，各户把杀猪的日子错开，排满多半个腊月。

我们那里把腊月二十三叫作小年，从前这一天要祭灶君，然后为孩子分祭祀用的糖果，现在只吃糖果，不祭灶君了。过了这一天，家家忙着做豆腐，蒸年糕。因为小山村空气极清新，每天，这一段飘的是豆汁香，那一段飘的是米馍香，清新可辨，让人馋涎欲滴。这芬芳，在大城镇或闹市绝难闻得到。这种年味，像一支甜甜的歌。

除夕夜，团圆饭愈早愈好，为的是天伦之乐，尽情尽兴。饭后，女人边看电视边包饺子，男人则将一个水筲扣在院里的石板上。新的一年，老早起来，让孩子去把水筲翻过来，大人在屋里问："翻过来了吗？"孩子要答："翻过来了。"谐音取赌场"翻梢"之意，喻局面好转。有时被冻住，孩子也有说翻不过来的时候，从前很计较，现在当成笑料。女人煮饺子，若破了皮，不说“破”说“挣了”，取“挣钱”之意。这又是小山村一种年味，是趣谈。

正月初一，吃完饺子，人们互相拜年祝福，笑容满面，甜话满口。拜完年，人们到开阔地去荡秋千，红衫绿袖，空中翩翩，笑语频飞。初二、初三，出门子的姑奶奶走娘家。从前多是骑毛驴，很有诗意，我曾写过：“鸟道羊肠古木风，山村正月挂红灯，探亲少妇骑驴背，一首春歌入画屏。”如今也有骑摩托车的，还有骑驴的，依旧在画屏里走去……小山村的年味，是风情画！

啊，小山村的大年，如诗如歌如画，古朴而温馨。

四哥身心在小山村的诗里、歌里、画里。

2001 年 1 月 17 日于鹊巢

为手术后出院第一篇作品

腊月乡宴

“小寒大寒，宰猪过年。”这是流传在我的故乡的农谚。年年一进腊月，我的家乡的沟沟岔岔，常常是东一股西一股地飘出肉香。

想起宰年猪，就想起家乡的血肠。

血肠，就是将猪血灌在猪肠里的一种吃法。杀猪的时候，务必保持血的纯净，放入老汤、花椒面儿、香油、葱花儿、盐等各种作料，搅匀，不使凝固，扎肠口，煮熟。这里头也要好些学问——盐要适量，煮时要掌握好火候。时间短了，切不成片儿；老了，失去鲜嫩。衡量一个宰猪人的手艺，除了看他动作麻利，猪毛刮得干净外，其次就看他灌血肠的技术了。谁被人请的机会多，证明谁的手艺高，人缘好。

我的家乡人淳朴而慷慨，没有虚情假意和言过其实。谁家宰了猪，要把里脊肉、排骨、猪肝都下锅，招待客人，谓之“吃全猪”。主人老早便让孩子去请邻里亲朋。长辈一定要请到，孩子一定要请到，孤寡人尤其一定要请到。被请的人如果说声：“不去了。”请客的孩子就要哭，苦苦哀求，又拉又推，用尽一切办法。少年时期，每年家里宰猪，我都去充当这样的使者，如此忆起，恍如昨日。

客人到齐，主人开筵，端上去的第一盘菜便是切好的血肠。一般都是主妇致词："把婶子大娘们请来，没什么好吃的，尝尝我们的血肠吧。"紧接着炖肉、排骨、猪肝，大盘大碗，一起端上。热热乎乎，尽欢而散。如果这一年有过什么口舌之争，饭间一提念，有人便说："谁也不是圣人，难免做错了事，过去的就过去了。"就此了之。

我少时不谙世事，因为年年腊月到别人家吃血肠，或请别人吃血肠，就以为血肠是家乡名菜。后来慢慢明白过来了，请人吃血肠实际是请人吃肉的谦辞。

好久没吃到血肠了，想起那鲜嫩的血肠，忆念故乡朴厚的民风，不觉馋涎欲滴了。

1986 年冬

三　哥

我的乡情重，重到自私、嫉妒。我游黄山，心想，怎么好看的山都长在这儿了，为什么不长在我的家乡？我若是二郎神，一定偷回一座；我见太行山小石蟹也嫉妒，怎么我的家乡水里没有？我想引回，无奈关山相隔，路程遥远，又因气温水质不同，怕难成功。我力所能及，引回家乡的只有树。

我爱竹，有节又虚心，岁寒而不凋。那月明之夜的竹影印窗，那细雨微风中簌簌叶响，妙不可言。若能把竹引回家乡，摇在庭院，响在野林，该多好。而在家乡，能尽心尽情地把竹栽活的只有三哥了。在我们兄弟姐妹七人中，只有三哥和我爱种花栽树。

我还记得小时候二哥多次指着门前的大柳树说："你三哥从小儿就爱栽树，在这儿一棵挨一棵插了柳条儿。我说，这地方能长成树吗？都叫我给拔了，他说好话让留一棵，没承想还真成材了。"那棵大柳树粗足两人合抱，高四五丈，春早绿，秋后凋，一朵绿云飘在南山北山之间，很是壮丽。这树后来伐倒，树干锯成许多木板，树根锯成菜墩，多家受益。

三哥在外当工人那些年，离家七十里，要翻两座大山，都是鸟道羊肠，绕危岩，入幽谷，穿密林。三哥回家常常担几盆花儿或树苗，在那人们见面先问吃饭没吃饭的年月，人们讥笑他说："刘琨不务正业，闲得抽风，往回拿点什么不好，总拿花啊树哇的！"对人们的冷嘲热讽，三哥只当没听见，依旧我行我素。一个痴迷的爱好，是无人移动得了的。

说三哥爱花如命，也许并不过分。他上班在外，怕嫂子不给他浇花，就把花儿跟瓜种一块儿，嫂子是不令则行，浇瓜同时也浇了花。可谓用心良苦呢。

山村没有暖气，有些花儿难以越冬，三哥只好栽种些木本花儿，如迎春、丁香、木槿、金银藤、月季、芍药等，他家屋前屋后，房左房右，姹紫嫣红，花开四季。三哥种树，除了本地的松、柏、杨、柳、桃、杏、梨、李，还从外地引进了槭树、合欢、三川柳。

今年春天，长子向东回乡祭祖，我让他带给三哥一丛竹，三哥如获至宝，他的侄子给他钱都不要，嘴里说："一千里背来，这就是最好的礼品了。"

一个月前，我回乡去看兄长们。我去看三哥时，他正睡觉，因为中午陪新亲喝了些酒，睡得很沉，我侄福和好不容易把他摇醒，他揉了揉眼睛指着我问道："这位是谁呢？"我们才一年多没见面，三哥竟不认识我了，我有些凄然。心想，三哥长我一轮，已经是年近古稀之龄了，老了。

可是，当我把从天桂山青龙观采到的银杏树籽交到他手上的时候，仿佛灵丹妙药，他的精神振奋，兴高采烈地讲起话来。他说这是树中的活化石，很珍贵。他曾从承德离宫采枝扦插，没成功；他也曾托人买来白果种下，没出芽。如今有了自家兄弟采到的种子，一定会成功的。说到人们对他种树的嘲讽，他显然很激动，甚至怆然欲泪，说："我都这么大年纪了，还种这种树，我图啥？"三嫂在旁边也说："你三哥一会儿也不闲着，有空就栽树，修路，哪抵养养身子。"

是啊，三哥已是耄耋之年，两个侄子都在外面工作，侄女也不久出嫁，他还种树栽树，图个什么呢？那些只顾抓眼下几个钱的人，那些坐吃山林的人，怎么会理解。

我站在当院，望房后山的柞木林，那未凋落的阔叶如人的手掌在招手，树下，一株株幼松，有如青年，有如娃娃，正走向明天，走向春天，走入大山的历史。凝眸细看，树下有绿枝摇曳，那是迎春花了。屋前屋后的花木，参差错落，枝交影叠。春风一吹，这里将是花的世界，蝶的世界，蜂的世界，当我想到三哥弓背弯腰在花间劳作的情境时，耳边响起了《秋翁遇仙记》的主题歌：

南山有个老秋翁哎，
花里忙碌像蜜蜂，
问你为谁辛苦为谁忙哎，
只为爱花把花种哎……

是的，也许三哥什么也不图，只是为了一种爱，一种情趣。

那丛竹长得很茁壮，虽然生笋较晚，枝条犹嫩，毕竟是竹，已是孟冬，碧玉亭亭，这在我的家乡兴隆县，恐怕是独一无二的庭院景观了，我请三哥在竹下留影。

三哥爱花木，不知老之已至，他的心里是红花绿叶，他的心血注入了青松翠竹，生命常青。

1994 年冬

千岁叔叔

我经常想念家乡，一山一岭地想，一坡一田地想，一人一事地想。我的心像一只鸟儿，不倦地飞，不停地飞，一旦它敛翼停飞的时候，就衔起一片颤颤的情丝。

现在，我心的鸟儿正落在我家南沟门那块叫南甸子的地边的梨树上，它在唱我的一个二叔刘文孝。

二叔是满三爷的儿子。他们兄弟三人。大叔很可怜，他一生的理想是“干柴细米，不漏的房屋”。这样一个理想竟也未能全部实现。我曾经以他为模特写过一首诗《大叔笑了》。因为我实在不愿他那么可怜地早死，诗里写他活到现在。三叔当民兵，在解放战争时期因与武装叛徒斗争牺牲了。

孝二叔个子矮，大概身高只有一米五吧。他体弱多病，生活极为困难，家里的重担都挑在婶子身上，关于这，我也有诗为之立传了。还是说二叔吧。好像他的一生都没有挺胸昂首做过人，总是抱肩缩颈，弓背低头。因为他家人口多，年年都要吃救济粮，花救济款。我们那儿的习惯，一般农户到春节总要杀猪的，哪怕只有三四十斤的小猪，也要宰它一头，让孩子们尝尝荤腥，不然一年也见不到肉星儿。可是孝二叔家不能，因为他是救济户。他住在南甸子，“甸”“殿”同音，他又依靠政府救济，村里有好起绰号的人，就叫他“八王千岁”。那些年靠工分吃饭，有几个牛高马大的人讥讽他说：“‘八王千岁’，我们都是你的臣民，一天天为你流汗呢。”二叔一声不吭，忍而受之。

我们那个村山高林密，有力气的人早饭前打一捆柴，收工后打一捆柴，就可以卖上两三元钱；如果摸黑偷一根檩子就可以卖上十元八元的。二叔力单，对这些无能为力。他不能伐木，但爱栽树、种树，他在住房周围的地边上、石缝里，种了许多桃树、杏树、梨树，嫁接了甜梨、酸梨。年年春暖花开的时候，桃花红，梨花白，杏花浓，李花淡，像个公园。我在家务农的时候，或打柴，或运木，常在那休息，让香风吹面，听山鸟啁啾。

二叔不只栽果树，也栽材树。在南甸子下的山谷里，他栽过三株白杨。因为谷深，那树又高又直。记得我十多岁的时候到南沟去打柴，见二叔正在修树。那树有五丈多高，他爬到树梢，摆动着，像一只大鸟。这给我留下极深的印象，二叔也有他的一技之长。

我的心鸟落在孝二叔栽种的梨树上，甜甜的，又酸酸的。物是人非，二叔已经去世多年了，他栽的树年年吐绿，岁岁开花，生命常青。梨树寿命是长的，至少在百年以上，人们若采去新的接穗，寿命就更长了；桃杏寿命虽短，但它们的果实种到土里，很快就会长成新树，开花结实，繁衍不息。啊，人们戏称二叔为“八王千岁”，他真的千岁了，因为他栽了许多树，那树延续着他的生命。那些力拔山兮而只会砍树的人，恐怕只有名与身灭了。

南甸子下的路边有一块五尺高的石戳，方方的，像座无字碑，我若有日归去，真应该磨一磨，擦一擦，写上这样几句话：

> 这儿住过刘文孝，一个最普通的农民。他身材矮小，无缚鸡之力，贫困一生，因得过救济，被人戏称“八王千岁”。他一生没做过一件坏事，只做过一件好事，就是在这里栽了许多树。

树总是扬眉吐气的，我的千岁叔叔如果有灵，也不会再抱头缩颈的。

1986年2月23日于绿竹村

一块冰糕

外孙时雨和孙孙鹏鹏，正是“六岁七岁，惹得人嫌狗不爱”的年龄。有时，明明好得像一个人似的，为丁点小事，猴脸一变，拳脚相加。对这样的哥们儿，难分个是非曲直，只有和泥。我曾有打油诗写过：“哥儿俩刚才好一堆，忽然变脸乱拳挥，老翁只有和泥分，不敢当真论是非。”

昨天下午，两个孩子玩着玩着，又忽然变脸，怒目相视，为了不爆发战争，赶紧让他们的姐姐芳芳领时雨楼下去玩儿，剩下鹏鹏一个人，很快鹏鹏又显得没着没落，奶奶将冰箱里唯一的冰糕给了鹏鹏，并告诉他：“你吃了，别让哥哥知道，哥哥正在拉肚子。”

鹏鹏吃完冰糕，耐不住一个人的寂寞，跑到楼下找哥哥姐姐去了，我得到片刻的宁静，写点儿东西。不一会儿，鹏鹏回来了，很认真地说：“我把冰糕的事儿告诉哥哥了。”

奶奶问：“为什么告诉哥哥呢？”

鹏鹏说：“我实在不忍心啊。”我被鹏鹏的纯真感动了，放下笔，抱起了他说：“好孙子，就是要这样，有好吃的，想着亲人，譬如哥哥、姐姐。”

我的确是感动的，想起了一些往人往事。

我乡某公，喜欢吃独食。大多数家庭若改善生活要等家人齐全，此公相反，家里人不全才改善。五月端阳包粽子，有黄米的（就是邯郸黄粱梦的那种黄粱，即黍米），有高粱米的，孩子们只能吃高粱米的，黄米的留他一人吃。人们说到此公，都难于理解，说：“嘴里的食物，怎能咽得下去呢？”如此为人之父，让儿女如何亲他、敬他、爱他？

我乡某妪，亦以吃独食名闻乡里。前些年的农村，实在没什么好吃的，最好吃的不过是亲朋送的点心，这位老妇人吃点心的时候，总是头顶柜盖悄悄地吃，连她自己的老头子也不让一声。一次她请女婿吃饭，女婿去了，她却说：“白菜炒肉，我忘了放肉了。”这样的妇人，又如何让人亲她、敬她、爱她呢？

如今城里都是一对夫妻一个孩子，把孩子当成皇帝，要星星不敢给月亮，如何让孩子从小懂得关心别人，爱别人，显得尤其重要。而对孩子，不是灌输式教育，贵在发现和引导。

我将这一块冰糕的故事和由此引出的话题写成此文，留给孙孙鹏鹏，希望他长大了也关心别人，爱别人。我想，要温暖天下人，是一般平民百姓所难办到的，要温暖身边人，关心身边人，是任何人都能办到的。

1998 年 8 月 21 日

牵牛花

从文具店里买回一本台历。封面是两串牵牛花儿，旁边有一首七绝，写道：

> 寻芳独立小篱边，翠蕊盈盈挂露鲜。
> 最爱山村秋晓后，华光遥映蔚蓝天。

诗情画意，相映成趣。我捧着台历登上公共汽车，想起家乡那一串串、一团团牵牛花，想起一位爱花的老人。

我们那条小山沟曾经断绝过人烟，到处是密林茂树、野草山花。被重新开垦以后，山上的野花，什么山桃花、山丹花、山石竹、杜鹃花、寿带花、野菊花，多得很。我有个伯父，爱花，院墙根下种着粉团花、凤仙花。冬天他上山打柴，碰着山桃、杜鹃都不割，他说：“留着春天看花多好，烧了可惜。”夏天他割棵积肥，也把花留下，他说：“挺好看的花，不忍心扔到圈里，叫牛踩猪蹬的。”

有一年秋天，伯父随人到遵化赶集，半路上见人家篱笆上开着牵牛花，粉红粉红的，小喇叭似的，怪好看，他说这花不错，我们那山里没有，便征得主人同意，采了一把花籽。

第二年春天，老人把牵牛花籽和黄瓜、豆角一同种到院子里。到了六月，柴篱上瓜藤、豆叶，一片青翠，粉红的牵牛花夹杂其间，很是惹人喜爱。每天清早下地，伯父喜滋滋地看着花，来了客人笑吟吟地夸他的花。有时伯母不耐烦，生气地说："整天花花的，花能顶吃啊，能顶喝?"伯父反驳说："你呀，你呀，光知道吃，唉。人家城里有钱人养菊花，养牡丹，咱没那工夫，种几棵这玩意儿算什么，一不搭工，二不搭本的。人嘛，不能光知道吃。"邻居也有人帮腔："是呢，连小猫还知道洗脸呢，人，谁不爱美呢。"

山里的人家，一般都住在山下，那院子就是山里的小平原了，到了冬天，柴啊，粪哪，都堆在院子里。大伯家也不例外。篱笆上的牵牛花籽落到院子里，混在粪土中，又被送到田里去了。第二年，凡是大伯家的土地，到处都有零零星星的牵牛花。换工干活，休息时有人下棋，有人说故事，大伯他捧着烟袋，歪着头儿，笑眯眯地看着牵牛花，嘴里说："嗯，这倒不赖，干活儿累了还能看花。"人说："看花解乏吗?"大伯说："这跟你们下棋、聊天儿还不是一样?人嘛，不能光知道吃饭干活儿。"大伙儿一听，觉得也对，干着活儿，看看花，听听鸟叫，也是挺有意思的。

牵牛花发展得也真快，不几年的工夫，地里地外到处都是了。平地里的还好办，或耘或锄就搞掉了，有一星半点儿也影响不了庄稼。那些没有坝墙的镐头地可就不行了，有石头保护着它们，锄不完，铲不净，蓬蓬勃勃。大伯家有四五亩一块山坡地，在一个石砬子下面，他家一半儿收成靠那块地，自从有了牵牛花，几乎是年年减产了，到秋天，几亩山坡，花光闪闪，远看，像腾着红云。牵牛花缠到高粱上，绕到玉米上，一秆一秆，拉拉扯扯，一刮风，庄稼成片地倒地，老鼠搓，花狸子啃，糟蹋得让人睁不开眼。如果种了荞麦，种了小豆，纠纠缠缠，一团一团，赶到收回场上，麦豆杂着花籽，筛不清，簸不净。红牵牛花叫黑丑，吃了要拉肚子的，气得伯母叨叨咕咕："老疯子，这回可能顶饭吃了，你吃黑丑吧！"气得大伯脸色铁青，一声不吭。牵牛花害得大伯挨了饿。

大伯再也不夸他的花了。

有时候，大伯在地里干活儿，青年人跟他开玩笑："嗬，您老这地跟年画似的，您整天在花里干活了。"气得他骂道："小兔崽子们，你们专气我！"

大伯恨死了牵牛花。夏天，他让采猪食的娃娃们去采，秋天，他在地里烧秸秆想把花籽烧死，可是，这都无济于事了。

现在，我们那沟几乎每架山、每块田里都有牵牛花。要是风调雨顺之年，无饥无渴之时，人们看着那盈盈带露的牵牛花，想起那老人，感叹地说："还是人家从老远弄来的籽儿呢。"要是牵牛花荒了地、欺了苗、缠了庄稼，人们说："那老头子，害邪了！"

我回想着，车到站了。下了车，思索着老人爱花、恨花的一情一景，觉得于人生、于艺术，是有道理可寻的，该是"此中有真意"；一进大院，琴声、歌声、笑声，纷至沓来，却是"欲辨已忘言"了。

1980年11月21日石家庄

山桃花

北方的山野没有梅花。开花最早的木本花要属山桃花了。我的故乡燕山深处，山桃开时，似残雪，如凝云，开得满山满岭，极是热烈。斜出瘦石的摇摇曳曳，长在峰顶的娉娉婷婷。远望缥缥缈缈，扑朔迷离，装点得幽谷宛如仙境。看万花蓬勃，如梦如幻；握一枝在手，怦然心动，让人生出一种岁月的紧迫感和生命的美丽感。

山桃花开在清明前后。有民谚：“三月清明花不开，二月清明花开败。”这是有道理的。因为夏历是根据月的圆缺推算的，而二十四节气是根据太阳运动得来的，所以某个节令，若看公历今年与明年前后只差一两天，而夏历，有时则差一个月。这样，若是夏历的三月清明，此年必春迟，到清明山桃还不开，若是二月清明，必春早，山桃花谢。这只是大体而已，不是绝对的，但山桃花开在清明前后是无疑的。山里人看花种田，山桃花开，开始种阳坡地，下田归来，往往花香沾衣；杜鹃花开才种阴坡地，少男少女，来去如沐烟霞。山桃花开千山万岭，蓬蓬勃勃，那是连帝王也修建不起的大花园，可它只属于山民。山桃花又总是开在春寒料峭的时候，饱受寒流苦雨的摔打，也像山民一样命苦，因此山民唱道："山桃花儿没好命，它一开花就反冻！"

难怪古代文人不咏山桃，不画山桃。那些出自名门高第的诗人画家，不稼不穑，身娇体贵，难得到荒山野林，与山桃无缘，自然也无情。而我，本是大山之子，出身寒微，和我的父老一样，与苦命的山桃同生共长，自然情深意浓。记得儿时，年年三月三日这一天，四哥起早去无鸡鸣犬吠的远山找来山桃木，做成刀剑，佩带在我的身上，说可避邪斩妖。那刀剑当然比不上现在的玩具枪值钱，却更珍贵，因为它凝聚着深深的手足之情。礼物的贵否，不是用金钱可以衡量的。山桃花美，最堪观赏，山桃花果实还可榨油，供山民食用。我本草民，从学写作起，便为草民唱赞美诗，为草民立传，唱山花野草，自然也多次写山桃。一九五八年我写过短诗《采山桃》，当时是赞，其实又等于怨，农民吃不上猪油、花生油，只能吃山桃油。现在看来，又变成艳羡了；山桃油属野生植物油，不含化肥农药成分，天然纯正，当更珍贵。其实，山民采山桃，只是一小部分，多数留给鸟儿兽儿，维护着生态平衡。我的诗里还有"两山花似玉"之句，也写的是山桃花。我的诗选里，写到山桃的有两处，一处是《山花赋》里写过："三月桃花红雨飞，黄昏牛背驮花归。"还有一首题名就叫"山桃花"，那是给妻子的诗，起头用山桃花："啊，山桃花，故乡的山桃花/早春二月，开在云崖/只有耐寒的松柏为伴/花开时常挨寒流的抽打/花瓣儿飘零，飘向天涯/悄悄留下果实满挂……"

以山桃喻妻，我对山桃的感情可算很深、很浓了吧。

杨花开了，柳条绿了，不久便要春深无际了。春花秋月，最是游子思乡的时候。我已经十几年未能一睹故乡山桃花开那非凡的风采了。心有所思，口有所言，这种感情便情不自禁地流露了出来，我那“山桃花”说：“你不会去嶂石岩，你不会去天桂山？”

老伴儿的话提醒了我，我计算着花期，心神驰骋，心灵的鸟儿再也关不住了，它飞到了天桂山的冻凌背。冻凌如镜，桃花照面，岂不是一首绝唱？它飞向九女峰。九女在云间，佼佼娜娜，岭上的万树桃花，仿佛从她们手里撒下的呢。它飞向天桂山。那一沟一岔的桃花，像花的瀑布在奔腾，那一峰一岭的桃花，又如彩霞似凝未凝。我与花对酌，似觉花魂入腑，馨香满怀；与花合影，浅红深红，生机无限，不知老之已至；飘飘然，不知我之为谁，得意忘形，醉卧花丛。此时我独醉，愿世人皆醒，平民一肩丽日，高官两袖清风，万里江山如五岳稳固，千秋岁月似三江奔腾。

自然者，世界的自然，风景者，天下人的风景，谁也不能垄断，不该独享。于是，笔走龙蛇，写成《山桃花词》，诗之不足，文以补之。俗话说：“花开花落几日红。”天地转，光阴迫。朋友们，莫失良机，好花共赏，好景同观，让我们先饱看万里春花，纳一腔豪兴，再去采撷那遍地收成。

1995 年 3 月 18 日于半山堂

插花梦

隆冬的天气，冷日高悬，山寒水瘦，凉风微微地吹，树枝轻轻地摇，我独自一人走在大山的羊肠道上，悠悠的。我不知自己从何处来，要往何处去，自己又是怎么来到这大山的。

天是那么深邃，山是那么空蒙，不可言状的美妙。山头的岩石，千形万状，影淡淡，它们都像是有生命的，都像在欢迎我。巨石之间多年的落叶化作泥土，生着一丛丛灰白色灌木，真可爱，跟珊瑚似的。啊，这不是映山红吗？是的，是映山红，这么多，开花的时候准是花的海。我飘进树丛，看那玉簪般花枝上的花蕾，形细笋尖，大如黄豆粒。可爱的花儿，一切都准备好了，只等节令一到，春风一吹，花瓣就展开。是谁说的呢，一时想不起名字。说是腊月初一将映山红插入花瓶，经常换水，到正月初一准能开花。我不是试过么，果然开花，是在哪一年呢？像很远，又很近。我欣欣然，动手采折，飘然而归。我不知怎么这么快就回到家。

我陶醉在插花的构思里：这一枝是一枝两杈，每一枝顶上一堆花蕾，两杈又相向内弯，我插在一个矮瓶里，题名为“悄悄话”；这一枝枝条细长，枝条上生一串短枝，一串花蕾，插在长颈花瓶里，题名为“韵味悠长”……阳光照在窗上，屋子里明亮明亮的，花开日，红紫交辉，满屋都是春色。这屋子里什么都没有，只有花和我，我的心感到一种从未有过的纯净，透明，芳馨。

一阵响声骤起，像海涛从天边涌来，如悬岩崩塌。我的花呢？我的花呢？见画竹的窗帘微微颤动，室内微明，窗外的声音是爆竹响声不息。原是一梦。拥被坐起，问老伴儿今天是什么日子。老伴儿告曰正月十六。

我一天都是在回味这美丽的梦，无比欢愉，又怅然若失，好梦太短了。古人常慨叹“人生如梦”，我想人生如果像这个梦一样，没有烦嚣，没有惊扰，纯净而透明，到自然里采撷，把自然美发现，再创造，那该多好。戊辰元宵夜之梦，你还再来吗？

1987年

扶山梦

壬申年十月初三，晚间从获鹿县回省城，一进市区，见满街枯叶乱飞，天空落木萧萧，不由得想起曹丕的《燕歌行》："秋风萧瑟天气凉，草木摇落露为霜……慊慊思归恋故乡，君何淹留寄他方？"我喃喃地像是对自己也像是对车上人说："正是游子思乡的季节啊！"

夜里，原说有客来，睡得不沉，过了夤夜两三点依旧似睡非睡，心神驰骋，自然也神游家乡。

悠悠入梦。

我梦见，我依旧身在家乡。我家梁东梁西通了客机，德兄、印兄都是坐飞机从梁西回来的，笑呵呵的，还说飞机上有特殊规定，带的货物愈多，运费愈低。是的，这是为繁荣山村。我问坐的是什么型号的飞机，他们说不知。一想，只能是直升机，否则，大山沟里，哪里去建机场。

这才叫梦，是我的梦，是山民的梦。

我又梦见，我不在家乡，正和老伴儿走在还乡的路上。

我在梁西的大山中，春雨初晴，桃花汛涨，空气湿润得能拧出水来。路边的山山岭岭都是杜鹃花，有紫红的、粉红的，还有宝石蓝的，蓬蓬又勃勃，簇簇又丛丛。渡水复渡水，看水又看花。梁西的老支书、世交崔福大哥手里拿一株花要盆栽，我说："这不是野花吗?"大哥说："家花原来都是野花。"我点头称是。

山谷里，梁西的乡亲们正扶正一座倾斜的小山。小山如翠屏，上有亭台和花木。众人散在山四周，抬的抬、撬的撬，呼着号子，小山东摇西晃几下，很快端正了。我忽然想到，听说有正倾斜楼房的，有正斜塔的，没听说有正山的，这岂不是人间奇迹奇闻?

我马上问崔福大哥，山叫什么名字?亭台建于何朝何代?大哥说，有一个名叫雁翼的诗人来搜集过传说，写过文章。

梦醒了。

我回忆梦，品味梦。

听街上扫街人的沙沙扫帚声，秋风扫落叶声，我躺不住了，披衣而起，记下这个梦。

我爱这个梦。难道我的父老乡亲不是这样吗?他们重整山河，有英雄劲力，却不把所做看重，他们用生命写出史诗，却不以为是史诗，他们用生命创造奇迹，却不以为是奇迹。

1992 年 12 月

金石梦

阳春三月，家乡的青山粉红嫩绿，春色欲滴，草香飘散，野鸟啼叫，山泉鸣响。

我和山兄、印兄在水湖子北山伐木，将裁截好的木桩从山头放下去，滑溜有声，冲击得草木摇曳，黄尘腾起。在岩下整理木垛的时候，我突然发现，一块岩石被木桩冲成两半，石板上显出似甲骨文又似篆字的排列有序的文字来。我大为惊异，这是怎么回事？碑碣的文字都是刻在石面上，怎么可能会隐在石头里？奇闻！奇闻！天大的奇闻！

这里都是水成岩，容易劈成石板。我又劈开一块石头，也有文字，有一半认得，一半不认得，似乎是一首诗。印兄正在另一处岩下整理木桩，我对他说："四哥，咱们这山出奇迹了，石头里有文字，从现在起要派人日夜保护。"说话间，看云岩上往日的水纹石花原来都是石刻。我激动地说："奇了，奇了，我们这山是宝山，是一座文化山，石面有石刻，石内藏书法，天下奇观，可以与洛阳龙门石窟、敦煌莫高窟齐名。"这时，人愈聚愈多，我怕有人生贪心破坏了这稀世珍宝，又赶紧说："大家可都得保护，这些字离开这山这石，就一文不值了。"我滔滔不绝地说，说得口干舌燥。

我陶醉了，简直飘飘欲仙。这时，一朵白云飘来，云影轻擦过一丛扇形的山桃花，山桃花下，行行石刻飘逸灵秀。"太美了！"自己把自己喊醒，原来是南柯一梦。"我的梦太美了！"我欣喜地说。老伴儿诺诺，依旧翻身酣睡。

我已不止一次有类似的梦。我为什么总做这样的梦呢？想来是有情由的。我曾经在我村大花宝石门的石棚下发现蚌镰、研磨器和绳纹陶，已故的河北省考古学家孙德海生前曾鉴定属于夏商时代夏家店文化，我一直想地下还会有别的文物。最近，听说在杨树沟发现了黑花岗岩，那是很珍贵的刻碑材料。也许就是这些东西在脑子里融汇、搅拌、幻想、化生成这个美丽的梦吧，也许我家乡的山上还有未被发现的文物，是家乡的山魂水魄给游子一种信息吧。因为，从前见识少，又尽日为衣食忙碌，对有些东西太不留心，不识物之为物，不辨贵之为贵。

1993 年

路边石

古长城北侧，强水之滨，一小丘临流而断，断岩上向河面伸出一块舌形条石，上有凹窝，像人的脚印，五趾分明。当地人传说姜子牙曾在此钓鱼，故取名钓鱼台，小丘下的村庄也用这个名字。一条如带的土路，一直延伸到钓鱼台山上，这条路走过了秦汉辽金元明清。路越走越宽，由人行小径到能走商旅的骡马骆驼，到能跑解放牌汽车。过往行人走过钓鱼台的时候，总要指指点点，说古论今，感慨一番，外地来参观者也不乏其人。其实，只要读过点历史或古书的人都知道，姜子牙钓鱼是在渭水，而非强水，但很少有人说这是假的。本地更没有人发表声明更正。道理很简单，因为姜子牙是好人，是能人，后来还成了神，而不是秦桧、严嵩之流。谁都想在好人身上沾点光。

离钓鱼台不远处还有另一块石头，不圆不方，不亮不光，不很大，比一间房小，比一挂马车大。它就在道边上，过去，除了那些年老体弱的、赶集上店的、串亲访友的走累了时坐在石头上小憩一下，说说话、抽抽烟外，没有人注意到它。

因为它是一块极普通的石头，人们对于它，不冷不热，不亲不疏，没有什么话题。但是它存在着，跟那块闻名遐迩的有脚印的石头一同存在着。

随着交通的发展，有了马车、自行车、汽车。近几年，人们开始经商，养殖，办厂，开矿，八仙过海，各显其能。人们的脚步匆匆，身影匆匆，很少有人再在这块石头上歇脚，它更被冷落了。

有一天，一个破产的采金个体户拉着家当从岗上过，车很重，抢坡的时候内胎放了炮。汽车司机支起千斤顶换轮胎，主人坐到石头上抽烟。他心境不佳，看着石头发呆，左看右看像金矿石，从车上取来锤子，剥去石锈，乐得手颤心跳，原来是块含金量很高的金矿石。后来他把石头凿成一块块拉走了，听说还清了所有的债务还存了款。

石破天惊！爆炸性新闻，没有广播，没有登报，传得很远，很远。

凡是见过那块石头的人无不感慨唏嘘，议论纷纷："咱真是有眼不识金石！""谁会想到金子摆在大路边。""这块石头从哪来的呢？"

路边的石头出名了，消失了，那个有脚印的石头还在。

1988年3月

树　叶

在我的书本和诗草本里，夹着许多树叶。有红叶，有绿叶，有南国叶，有北国叶。有些叶子，我已经叫不上它们的名字，但是，多数我记得采自何处。一见它们，我便忆起美丽旅程的山光水色，鸟语泉声。在我看来，树叶才是大自然的一页页日历呢。

我经常望着枝头的树叶遐想，多么不容易啊，一片片叶子通过细细的叶柄长在枝头上，经受着风摇，经受着雨打。从春到秋，何等艰辛。终于在一首题为“居九花开了”的诗中发出这样的感叹：“每一粒种子都能发芽吗？每片叶子可都自始至终？”事实上，每一次风雨过，都有一些绿叶被风摇落，被雨打落。

生命总是有始便有终。人要老的，绿叶也要老的。每年秋天，第一次看见红叶或黄叶翩然离开枝头，心灵总是为之一悸。啊，秋天了，又是一年过去。这一年，你都干了些什么呢？

我多次留意过落叶的过程，树叶离开树枝那一瞬间，和鸟离开树枝是一样的。树枝微动，落叶翩飞。树叶落在地上，往往是叶面贴地，枝柄垂立着，像小鸟望着巢。表现的是对枝的依恋，又像还要起飞。我曾写过一首诗，题目就是“树叶落地的时候”：

树叶落地的时候，
很像是一只小鸟。
叶面紧贴着地皮，
叶柄翘望着天空，
好像扑向了大地，
又像等待着乘风。
树叶落地的时候，
不尽缠绵的诗情。

似乎树叶是不愿落的。我们都曾见过这种现象：已经深秋了，或者已经是冬天了，一棵树的叶子百分之九十九点九落了，树头上还有几片叶子不肯离枝。在风里摇曳着，在雪里摇曳着，依旧唱着绿色的歌。

树叶有感情，树叶有思想。

树叶年年生，年年落，都到哪里去了呢？它们回归泥土了，大山里厚厚的黑黑的腐殖质主要来自落叶。我留意到，山里有些岩石裂缝里，被风刮去了一些树叶，烂了，化成了土，生出荆，生出棘，生出松柏。树叶化土，土生树叶，生生不息。树叶富了泥土，肥了泥土，香了泥土。

落叶可以当薪柴。古人有“煮酒烧红叶”“落叶添薪仰古槐”的诗句，至今有些没有煤炭和液化气的乡村，仍烧落叶。

我喜欢绿叶，也喜欢黄叶、红叶。落叶满谷或落叶满街的时候，大风一吹，哗哗山响，一条彩色的河流在流动，我总要想到那四个字：年华似水。树叶是生命，树叶是天地过客，树叶是岁月的日历，只有树叶才生动写出“年华似水”四个字。

人生一世，草木一秋，你的生命叶片可像树叶这样美丽、这样多情？

珍惜生命吧，珍惜年华吧！

2004 年 12 月 1 日

长安路上花千树

一九八四年，宁夏诗人吴淮生来访，归去吟诗相赠，“千里风尘访俊才，新诗旧句满书台。长安园里花千树，尽在刘郎笔下栽。”今日翻旧物，偶见此诗，很是感慨。长安公园就在我们办公楼西侧，上班下班从门前经过，距进门不足二十米，不知忙些什么，竟两三年不曾一游了，辜负了年年春色，园里的花花草草，一枝一叶也不曾来我笔下。

说来惭愧，在这个城市里生活了十多年，在桥东也生活七年了，日日骑车往返，竟不知解放路和长安路在哪里分界，也不知长安东路和长安西路在哪里分界。建华商场以西的人行道上都是悬铃木，建华商场以东则都是泡桐，我想这一段路便是长安东路，大概是不会错吧。年年春天泡桐开花，蓬蓬勃勃，紫霞一片，淡香飘流。每到花下，常常将车子停下，观之，嗅之，目悦而神怡。记得一九八二年春，到洛阳，正是满城泡桐盛开时，当即写下了“一树桐花，一树紫云/洛水悠悠，流的是春”的诗句，而长安路上桐花六次开落，竟未著一字。

是的，我该写一写长安路上的泡桐花。

泡桐叶阔，夏日成荫；泡桐枝疏，冬不蔽日。它确是很好的绿化树。我不知道上下班的朋友是否留心过，泡桐是在夏日就把次年的花蕾准备好了的。其实，许多花都是在夏季孕育好的，也许它们是怕风欺雪压的缘故，一般都极小，不显眼。而泡桐不，它毛笔形的花穗高高举着，每一朵花蕾像一个铜铃，自下而上一个比一个小。三九严寒，飞雪锥肌，朔风砭骨，人们穿上棉衣帽棉靴，女人围起纱巾，擦护肤香脂，而泡桐的花蕾摇动在风雪里，笑对风刀霜剑的逼迫。我想树木也有语言，他们一定在唱一支美丽的歌吧。有时一夜狂风，清晨见杨柳枯枝满地，使人情凄神伤，却极少见摇落泡桐的花蕾，让人肃然起敬。我在心里赞道：美哉，泡桐！我提醒自己：一定留心一下泡桐花到底开多久。

今年清明节后的第四天，四月九日，泡桐花悄悄地开出了第一枝，它瞒不过我，我在时时留心它。到了中旬，泡桐花便开得热热烈烈了，一个个紫色的小喇叭，向着天空吹，吹得满天飞霞，吹得馨香一地，把长安路变成香雾的画廊。一周前，下了一场透雨，要是桃花、李花、梨花、杏花，该是繁华落尽，播香送色只待来年了。泡桐的花被打落一层又开出一层，依旧红紫交辉，灼灼其华。我想，这正是它在长期的风雪严寒里有丰厚孕育的结果。谁为迎接春天花费的苦心大，谁得到的春光理应就多。今天是四月二十九日，算来泡桐花开整整二十天了，看样子它还会再开四五日呢。在北方的乔木里，除了马缨花花开花落三个月，恐怕再没有比泡桐花花期更长的了。

长安路上泡桐千树，花开时节，两三里云霞，上下班的人们穿行其间，相约黄昏后的情侣缓步其下，不知曾给人多少美的启示，多情的痴男靓女，一定会写出芳菲的美文来。不必踏破铁鞋去寻觅，美就在我们的身边。

1989 年 5 月

院墙根的花木

进城以后，我在阳台上养花，在窗台上养花，在写字台上养花。我的朋友都知道我爱花，诗人、教育家刘征曾有诗句赠我："知君身在百花丛。"我多想在地上种几棵树、栽一片花啊，可惜，搬了两次家，除了我的宿舍，没有一块空地可以任我涂红抹绿。奈何！奈何！

一九九三年，我迁入现在住的这个小院，大门之左，有不足百平方米一块空地，墙根下可以栽几棵树，种几丛花，我暗自欣喜。我在散步的时候，拾几块被人遗弃的水泥石板，砌成花坛，用马路边的泥土填塞，种了两株香椿、一丛竹、一丛石榴，以及月季花、粉团花、晚饭花。我还拾来两块条石，搭成石座。大门口是水泥地，逢下雨必积水，那便是我浇树浇花的水源了。

草木有情。粉团花、月季花、晚饭花次第开放，红摇绿漾，常见邻近看小孩儿的妇女或保姆坐在石条上，人在花前，影在花中。草木有情，有些人却无情，不但无情，还像是与花有仇。晚上还见花开正茂，早晨开门一看，见有人把花朵掐掉，把花瓣一片片撕碎扔在地下，看了让人心疼，生气。有人告诉我，花是被几个中学生作践的。我找到学校，老师听我叙述便知是谁，我说：别批评孩子，只求告诉他们，人类不能生活在水泥世界里，每个人都要爱护一花一草。这一招很灵，他们不再祸害了。可是，总还是有人祸害，而少有人关爱。尤其是农贸市场的人们，不仅作践花木，还将花木下作为扔脏弃垢的场所。卖肉人剩下的烂肉，卖鸡人的鸡下水，什么都往花木下扔。有的人喝了啤酒，酒瓶子向墙一摔，碎玻璃满地。我只有一样一样地清，一块一块地拣。去年一场雪后，我从花木下捡走的废塑料袋有一筐！无可奈何，人性如此，生气也生不起，我只有退让，别无选择。我将水泥板拆掉，铺在墙根下，我不再养草本花木和艳丽花草，只留下香椿、顽强的粉团、竹和石榴。人们照样往花木下扔东西，我也只好义务清洁，隔几天清除一次。

但我并不悲观，我相信，随着人类生存环境的日益恶化，人们总会觉醒，会爱护一草一木。我想，我栽的石榴，总有一天会结出果实，历夏经秋而无人随便采摘。也许我看不到，我相信我的子孙会看得到。花木要开花结果，人类的文明也会开花结果。

2000 年 11 月 10 日

垂梅花开

立春那天，我家阳台上的垂梅花开两朵，粉白带嫩红、嫩绿之蕊，极是淡雅，给我的心头开出一片灿烂的春光。三个主枝上分枝四垂，一串串都是花蕾，到底有多少花骨朵？不敢细数，生怕手指不慎将花蕾碰落，我真想向四邻高呼：“我的梅花开了！”我甚至想让电视台录像，让全市人分享春色。我克制住自己的感情，呼来儿，唤来女，我大儿子数了两个枝，估算一下说：“不少于四百朵。”我二儿子甜甜地笑着说：“花店老板要有这么多花的梅，得开几百元的价。”我梅无价，春意无价。有一天夜里，我梦见垂梅全开，一树香雪。我到阳台上拉开灯一看，花开十几朵。那一瞬间，我想到苏东坡的《海棠》诗：“只恐夜深花睡去，故烧高烛照红妆。”他怕花睡，红烛摇摇，花光灿灿。我看花，电灯光下，玉屑莹莹。古今吟客，一样心情。老伴儿到阳台清扫，不经意头碰花枝，戴上一朵花，我想到韦庄的《思帝乡》：“春日游，杏花吹满头……”满头杏花，是年轻女娃的风韵；一朵梅花，是老妇的典雅。

垂梅开了，我掀开了新春诗页，我掀开了古典的词章。更让我惊喜，让我挥之不去的是它的生命过程。

我爱诗如命，爱花如诗，年年春节，友人送花，孩子买花，让不算狭窄的住屋，到处是花。去年春节，大儿子抱回垂梅盆景，开着几十朵花儿，很是俏丽，让我甚为开心。花谢了，枝上长出稀稀疏疏的叶子，我知道，因为温室效应，它的叶子是提前了，无疑对生长有一定影响。因为我经常外出，多则半月，少则三五天，不是专业人员，盆景是很难管好的，更何况家里没人时？于是换了泥盆。夏天，我把它搬到楼下，放在不受日光暴晒又通风的地方。或许因叶子早生，显得很不精神，不敢用肥，也不敢用大水，每浇一次，直至打蔫再浇。秋天，它的叶子老早落光了，我实在对它不抱太大希望，抚摩它的枝条，软软的，并未枯死。我依旧按时浇水，对它的生命，我无权放弃关照。进入腊月，我看它的枝条上叶柄处不像叶芽，有点像花芽，怀着一线希望把它抱到阳台上，没想到它的花开得这么热闹、美丽，还有一点淡淡的幽香。它让我由养花，想到人生。

我爱养花，除了有些花儿因温度、湿度难控制而死掉，我的花不是水大浇死就是肥大烧死，一言以概之，因溺爱。有一年，我养了一盆巴西铁，因为阳台、书房花满，便放在卧室的一个桌上。它不在众花里，不能喷水浇叶，浇水也不勤，是在一种似管非管的状态里。过大年扫房，把它搬下来一看，顶上竟然生出花穗，令我欣喜若狂，赶快喷水浇叶，连连施肥，等待它开花，好发布新闻。巴西铁很少开花，我市有一家巴西铁开花，主人开窗放香，邻里争相观赏，成为省城新闻。可惜，因为我性急，违背它自身生命的需要和生长规律，花穗变成黏黏水珠，一朵花未开，直至枯萎，希望化作遗憾。

垂梅花开，巴西铁花穗枯萎，让我想到如何对待我们所爱的生命。

2007年2月8日

冬看平原荠菜花

钻了多半生庄稼地，“晚稻田”大学毕业的我，常因读书不多，写文章难以旁征博引，因此失之深度而遗憾。好歹又总有说不完的话，得力于我的生活经历，得力于自己的实践和对生活的热爱，而获得一些真知。

例如对荠菜的认识。

荠菜可以包水饺，可以做馄饨，可以做汤，味极鲜美。我老伴儿年年挖荠菜，招待过许多诗人、作家，食者莫不啧啧。而且荠菜还有药用价值：以荠菜、麦芽、陈皮水煎之，可医小儿腹胀，消化不良。

我是从辛弃疾的词里知道荠菜的。他在《鹧鸪天·代人赋》中写道：“城中桃李愁风雨，春在溪头荠菜花。”他写的荠菜花，是春天的先行者，是春天的英杰，这一颂词成为千古绝唱。老辛太爱荠菜花了，他还在另一首《鹧鸪天》里写了“春入平原荠菜花，新耕雨里落群鸦”，这二句知者较少。我用了一年时间查书，对图，才认识了荠菜花。看那小白花，实在一般，其美也，在精神，在气质，不在香，不在色。我是从诗中得美食的，因此，格外留心写荠菜诗文。原来早在《诗经》里就有“谁谓荼苦，其甘如荠”。姜夔的《扬州慢》里亦有“过春风十里，尽荠麦青青”句。郑板桥亦有“三春荠菜饶有味，九秋樱桃最有名”诗句。周作人等许多名家都写过荠菜。

荠菜，文人菜也。

我知道荠菜是秋天出生，可是种植没有成功。爱一个人，爱她明媚鲜艳，也应爱她人老珠黄；爱一种花，爱它的芳菲，也要关心它的凋零。我曾经在严冬季节去观荷塘，面对残枝枯叶，西风坚冰，想象那红荷向晚，绿叶临风。从初冬开始，我便往郊区田野跑，去观察荠菜是怎样生长的。原来荠菜并不深播，初夏落下的种子，在秋天土壤湿润时便出土了，极小极小，小如米粒，等到十月小阳春的时候，便碧绿莹莹地长到江南人喝工夫茶的茶杯口大了。隆冬千里冰封，万里雪飘，再看，荠菜叶依旧绿，花还在开，在我看来它就是平原的雪莲了。我听见那小白花生命的喧响。我想，古代雅士，当代名流，顶多也只是在春返人间的时候去野外的，谁在冬天观察荠菜？因此感而诗云：“万里西风写肃杀，问君春色在谁家。人间万物愁冰雪，冬看平原荠菜花。”

荠菜举着花走过一冬冰雪，到了晚春，万物得生机的日子，便花落籽熟，然后悄然退去了。因此，灭草剂也灭不到它，它繁殖不绝。荠菜是一直与灾难抗争的草民，帝王绝种，草民不绝种。

2003 年 12 月 23 日

干枝梅

俗语说："人无千日好，花无百日红。"

细想，可也是。人生在世，总是免不了大大小小的三灾六难、五劳七伤，或忧或愁，或恨或怨，或恼或烦，劳心神，伤肝脾，难得千日之内，总是欣欣喜喜、愉愉快快的。按说，初生的婴儿该是无忧无虑的，偏偏降生之时，第一声便是哭，在襁褓之中，慈母之怀，常常要闹上一阵，哭上几声，也一定是因为不能称心如意。花呢，春兰秋菊，各有季节；月季花儿虽然月月开，也是月月在凋谢着。我爱合欢花，它从五月中旬开花，一直开到八月末，一树嫣红，可谓热烈，也是有开有谢的。一旦经一阵狂风，一场暴雨，落红满地，任人践踏，再看那树上，往往是零零星星，惨惨凄凄。纸花、绢花、塑料花，是不凋不谢的了，却少一个"真"字。

花无百日红，真是人间憾事。

七月上旬，我到草原旅游，简直是飘在花的云间，游进花的海里，我们的汽车像一只鸟儿，在花雾里飞，像一叶小舟，在花海里飘。看着那红白蓝紫各式各样的花儿，梦一般的美好，一想到它们一过自己的花期，要枯，要萎，要凋，要谢，叫人有点儿感伤。闭上眼睛一想，百花都将零落成尘，穹庐之下，飞雪扬沙，将是何等截然不同的气氛……我忽然想起干枝梅，读写草原的诗歌、小说，人们喜欢用它比拟草原的英雄，说它是草原的灵魂，我想，它一定像昆仑山上的雪莲一样，是开在冰天雪地的，而现在是草原最温暖的时候……于是我说："真可惜，这次看不到干枝梅了。"我们的司机师傅略微回头，笑着说："别急，一会儿到御道口就让你看见。"

"怎么，现在能开吗？"

"正是时候。今年春早，也许开得晚，去年的还可以采到。"

"怎么，去年开的，到现在还好看吗？"

"一点儿不兴差样儿的，你不知道，干枝梅，只要开了，就不萎，不谢，也不褪色了。"

想不到世界上竟有这样的花！

老师傅经常送客人到草原参观，对草原、对草原的人们、对草原的花都非常熟悉，他经常帮助客人采干枝梅。他说："如果到了草原，不采点儿干枝梅带回去，就等于没到过草原。"

不一会儿，车到御道口了，他减速、停车，用手向山上一指："采干枝梅去。"

我们顺着老师傅的手望去，一眼便认出了干枝梅，那花不像桃花红得像火，也不像李花白得似雪，而是红白相间，素淡，却极醒目，热情而带点儿含蓄，远远望去，一枝一枝，很是美丽。

我们忙着去采。近前一看，几乎红绿相间的叶儿，贴在地上，碟儿大小一片，像苦菜或蒲公英，看来和苦菜同属，中间一根碧绿如簪的茎，上面全是花朵。那花片，似蝉翼，如薄绫，没一点儿娇嫩之气。采到手上，香气扑面。

此后，只要我们说一声“干枝梅！”老师傅便马上停车，并嘱咐我们多采一些，还一再叮嘱，不要拔了根儿。他不止一次地说：“现在，有别的花，它不显眼，等到冬天在大雪里看，那才美呢。”

这真是诗家之语。我仿佛看见天苍苍、野茫茫的草原上，朔风千里，白雪弥空，衰草摇曳，飞沙乱走，男女牧民，跃马扬鞭，呵气如云，歌声飞扬，一枝枝干枝梅，风雪里摇曳。

我们每个人都采了一大抱干枝梅。回到招待所里，我想把那没开好的再泡一泡。一位服务员说：“用不上泡，还会开的。”

“啊，花梗干了，花骨朵还能接着开？”

“是的，待开未开的都能开。有经验的人单拣半开的采，拿回去看着它慢慢地开。”

这真是奇花！世界上竟有这样的花，它不萎不谢，不褪颜色，而且茎虽枯干，花开不已，生命永不终结。真不愧花中君子，草原的灵魂！

如今，干枝梅在我的写字台上，和我朝夕相伴，看那鲜花，颜色如故，看那骨朵慢慢炸开，心想：如果采来干枝梅而不歌唱，真是愧对草原人民。我还想：花有百日常红，不萎、不凋、不谢，但愿人也该千日常好，无忧，无虑，无痛，无苦。

1980 年 8 月 19 日草
1980 年 11 月 20 日改

上水石

因为自己是喝山泉水长大的，几个月不见山，心里空荡荡的；平日里想山、说山、梦山，等到一见到山，好像身上的疾病都轻了，肚里的愁肠也没了，恨不得一下子扑到山的怀里撒娇，恨不得把山抱起来亲热。这种心境，使我总惦记找两块上水石，加工成家乡山的模样，摆在斗室里，早起一睁眼便看见它，让我好像时时在家乡身边，让家乡时时在我眼里。

昨天回到县里，我向宣传部王汉臣同志透露了自己的心事。他说："那好办，咱们县上水石很多，漫说找两块，要几车都行。"他想了想，又说："刘寨子公社产的颜色好，也多，可就是交通不大方便，远一点儿；六道河公社古磐大队交通方便，石头也不错。"

于是，我便骑上车子到古磐去找上水石。

在大队办公室的坎下的龙潭边，见到了古磐大队支部书记老王，很巧，产上水石那地方，正是他家那个生产队。我跟王支书一块儿走，路上我问他，上水石长在啥样地方。老王说，山上也长，水里也长。说说拉拉，二里来地路程，很快便走完了。

老王领我先看庄西一条小溪。那小溪不过二三尺宽，涓涓细流，汩汩有声。老王指着沟里长着几棵柏树的小山，说那就是小溪的发源地。我目测了一下，小溪全长统共不过五百米。老王说，就是这条小溪里长上水石。我感到很奇怪，就问："水里怎么能长石头呢？"老王领我寻到几棵苲草，那苲草上面粘着石灰质，手上一摸，有点儿硬化了，怪有意思的。他说："就这样，一点一点的石灰质越粘越多，到最后草烂了，石头也长成了。这里的石头是按苲草形状长成的，因此，立起来峰峰岭岭，就格外好看。"真想不到，水里的草还能变成石头，听了叫人感到新鲜。具备了一定的条件，只要工夫到，水草能成石。

我想了想又问："那么，只有苲草能变成石头吗？"

"别的也行。玉米茬儿，高粱茬儿，都行。"

"一块石头长成要几年呢？"

"三年。"

我跟老王说，这倒真有点儿意思，只是一条小溪里，就长这么几块，太少了。老王说，不是这样的，本来前些年是很多的，一九七六年起了一场山洪，把苲草的根都给挖走了，看来，还要好几年才能重新长起来。

我又问："那么，先前这小溪里上下都长上水石吗？"

"不，苲草是从上到下都有，可是，光是生在中间这一段的能长成石头。"

我忽然想起《王安石三难苏学士》那篇小说来。小说里说如果用长江水烹阳羡茶时，用上峡的水烹味浓，用下峡的水烹味淡，用中峡的水烹是浓淡相宜。原来，这百步小溪也有万里长江那样的奥妙呢。

老王又领我去看产上水石那架山。那山看上去有二三百米高，山上翠柏如簪，山下水流如带，山腰有许多细细泉孔，珠滚银流。老王说，就是那些小小细流，日夜不停地生长着上水石。山根下堆着零星的钟乳石块，是采上水石留下的残品。一个刚出车回来的拖拉机手，拿一把旧菜刀和小铁钎，正在修饰石块。王支书说："今年春天卖给天津宾馆三万斤上水石，收入了两千四百多元。社员们早早晚晚也可以采，人们有事上北京密云，或捎在车上，或提在篮里，卖了，买些生活用品。"

啊，真是富有诗意的生活！

我这样想着，也像那山上的小泉孔一样，从胸中涌出了四句小诗：

流水崖前小村庄，社员早晚采石忙，
玲珑精巧山千座，车载人提赠八方。

我望着产上水石的山坡，心里在想：大山是多么有情啊，它长出绿树，长出鲜花，饮的是苦雨，吐的是甜泉。它给了世界那么多美丽而有用的东西，还嫌不够，又像春蚕吐丝那样，一点一点地，用自己的脂膏，塑造成小山，丰富着这个世界。我看着拖拉机手加工的那些上水石，有小小的峰儿、岭儿、沟儿、洞儿，那不分明是大山的肖像吗？不止形肖，而且神似，它们能吸收水分，而且能长出小草呢。我想，谁拿到上水石，谁对祖国、对人民，也该有大山这样的情怀。

我问老王："这山上能采多少呢？"

老王说："多得很，能采几百万斤。"

我说："那可也要精心，不要糟蹋，长成一块是很不容易的。"

我还向老王建议，办个小小工厂，搞一点盆景，买的人称心，又可以增加队里的收入，还可以延长开采时间。老王点头称是，并说要想办法让小溪里的苲草早点儿恢复起来，人工再培育一些上水石。

临走的时候，老王给我找了两块上水石，我抱在怀里，像抱着山。

1986年6月26日草于兴隆，9月2日改于石家庄

雾灵秋诗

我有一枚闲章，上刻铭为“雾灵山人”。我是雾灵山的儿子，无论我走到哪里，它伟岸的身影都相伴相随。雾灵山是我的脊骨，是我的灵魂支柱。雾灵山雄浑，壮丽，广阔，深邃。如同儿子用语言难穷尽深深的母亲之爱，我常愧我的笔不能生动地壮写雾灵。我曾在春夏里两游，并都写过点文字，却不曾观赏雾灵秋色。

秋日还乡，已定于十月十三日夜车返回省城，宣传部赵广勤同志问：“白天怎么安排?”我说：去看雾灵秋色吧。如果不上山，无非是品茶饮酒之类活动，快一时口味。若上山呢，美景入目，也是一生的享受呢。

十二日的后半夜忽然下起瓢泼大雨，我心想，完了，登山的计划肯定落空了。谁想到天明风住雨收，车子按时开来，同广勤、福君和我老伴儿按时出发。道路虽然有些泥泞，但纤尘皆无，空气仿佛是湿的、甜的。

车到山下，仰望大山，大雾弥漫。雾遮处，缥缈如幻境；雾薄处，云绕峰腰，青松蒙纱，如沐夕烟，枫叶带露，格外鲜红，妙曼如画。我庆幸夜里雨下得好，看来今日是快哉一游了。境使情生，诗句如泉出：“入画观秋色，雾灵雾里看。枫红叶染血，松翠树生烟。”车子在云缠雾绕里驶向山顶，如游在海市蜃楼之境。登上那两千一百一十六米的燕山主峰，有微风徐徐。雾散云消，草叶上夜雪正融，点点珠落，似喜泪莹莹。登极顶回顾，山如海奔，雾如浪涌，身若在天上，心境顿生一种生命伟大辉煌之感。于是，续诗与云俱生：“雪化山流泪，云腾我在天。千峰浮白浪，气象自森然。”

我们一个个欣欣然，飘飘然，慨而慷之，感而叹之，摄影留念。

下山的时候，雾已极淡，大山如出浴的美人披纱而立，让人销魂！那松，青翠欲滴，那杨桦，鹅黄橙黄，枫叶深红，柞叶浅红，五色纷呈，间杂错落，非笔墨颜料所能及。山静无风，一树树橙黄红绿，在薄云淡雾里，如一树树珊瑚在净碧之水。这种宏伟的秋之画屏，实为我平生所未见。我想，此日此时这种景观，未必年年如是。如果霜下得早，许多树叶凋落，不过残剩红绿两色而已。因为今年霜期推迟半个多月了，冷霜未降，寒露慢浸，所以木叶留枝，各呈其色；此时此地此景，人生能得几回逢？我请司机李师傅停车，让福君拍下这摄人魂魄的景色。车停，广勤轻轻呼吸而问：“什么香味？”我是山里人，深知此味，回答说：“木叶香。”话刚出口，灵机一动，诗涌于心：“天暖草稍绿，风微木叶香。”诗句得之，似有神助，一是雾灵山灵气客观存在，二是早有体验，偶尔得之，诗之神在生活里，在我心中！

身在画中游，心在诗中走，神飞而情扬。古人云：山川之胜因时而改观，非一时可尽，亦非一人所独擅。这对文人墨客而言则是，若对长期生活在山上的人而言则非。然而，山中之人，享四时之变幻，观朝夕之异趣，若无开阔之眼界，司空见惯，习以为常，恐未知美之为美也。亦如一些作家，并非无生活，并非无才气，并非不勤奋，只因眼界狭窄，思路不宽，而穷于表达。

半日之游，千日难忘。神为之倾，心为之向。

1992 年 5 月

荆棘颂

“披荆斩棘”，本来是个常见的成语，我自己也早就用过。我原以为，荆，自然是指家乡山上那丛生的荆柴，棘呢，无非是指那些带刺的灌木。前年闲翻一本旧字典，才知道棘原指酸枣。我的家乡酸枣树不多，零零星星地长在田边、路畔，小时候赤足裸体到山野里去玩，常常被酸枣的针扎了脚，或者刺破肉。因此，我对酸枣很是有些成见，恨它，怨它，觉得它确实是该杀该斩的。在我的家乡山与平川过渡地区，缺少烧柴的地方，是用酸枣树烧火的。我们那里不缺烧柴，春天人们割来酸枣枝子，压在院墙顶上，插在菜畦边上，用它挡着鸡儿狗儿什么的，那作用是微不足道的。

去年冬天，我去访问邢台的太行山村。太行山是英雄的山、革命的山，是我早就仰慕的地方。从邢台市西行，车轮滚动，思绪蔓生。我默诵朱总司令悼左权将军的诗句：“名将以身殉国家，愿拼热血卫吾华。太行浩气传千古，留得清漳吐血花。”我默唱抗日歌曲：“看吧，千山万壑，铜壁铁墙，抗日的烽火燃烧在太行山上。”

我心中的太行山，是美丽的山。我想，我来晚了，看不见诗人浪波同志所描绘的“九月柿子红，树树挂灯笼”的景色了，自然也闻不到那满山的浓香了，但总可以看到那山山树木、岭岭飞泉的。

进山一看，情形完全不是我想象的那样，高高的大山，除了零星的柿树、柏树，到处都是光秃秃的。一路上，只见田埂上、公路边，酸枣树倒是不少。我在农村多年，不用问自然知道为什么会是这个样子。我暗暗感叹，革命先烈洒过碧血的山，难道只能遍地荆棘吗？我腹中开始构思进太行的第一首诗：斩棘。

我访问了两个公社，接触了一些农村父老和农村干部。总的印象，这里还是比较贫困的，但情况正在好转。太行山下，几乎庄庄都有横挂的喜幛，天天清早响着娶亲的唢呐声，到处都是新盖的石头房，很是漂亮。

又一个春天即将到来，人们正在讨论联产计酬的事儿。有一天我到一个多年生产较好的大队访问，那里的支部书记告诉我，他们队里的柿树、酸枣都要实行联产计酬了。我感到新鲜，就问：“怎么，你们这里居然把酸枣也列入果树吗？”支书告诉我，原来这一带酸枣的产量是很可观的，酸枣肉的粉面酸甜可口，是不错的营养品，已经进入国际市场，能换取外汇；那枣仁呢，可以镇静安神，是好药材。这一带的农村，每年都要靠酸枣的收入添置些机械，买些化肥。以前，都是靠集体采过再让个人采，农民的日常生活用品，许多都是用酸枣的收入买的。

啊，原来是这样。我马上对酸枣产生了好感，我决定不再写那首斩棘的诗了。我跟伴我下乡的县文化馆青年诗人张国江说了我对酸枣在感情上的变化。小张家在农村，他对农民的疾苦了解得很深。他告诉我，这一带的农民，头几年生活很苦，年年夏天都要靠柿子干和酸枣面充饥。他说，农民拾来酸枣是要经过挑选的，好的卖枣肉，卖枣核；次的是连皮带核碾碎，留着自己吃，酸枣和这一带的农民是有生死之交的……

啊，酸枣啊，酸枣，你何罪之有哟，你不但无罪无过，而且有功有德，曾经发挥过人参、灵芝所不能发挥的作用。我对酸枣产生了深深的敬意，我想起披荆斩棘这个成语，也想起家乡山山岭岭丛生的荆柴。

我的家乡山高林密，那树林之外的向阳坡上，砬砬坎坎，有点土星儿，就生着荆柴。年年六月，绿叶生辉，紫花泛彩。一年生的荆条，坚而韧，可以编筐织篓，用途很广。荆条经年，便长成薪柴，是山里人最喜欢的燃料，冬天从山上割回，填进灶膛便腾腾燃烧。头些年农民很穷，有的人家连买灯油火柴的钱都没有。每年秋天，生产队派劳力割回荆条，卖到供销社，或换些农具，或换回化肥，或者拿回现金去分配。那些零散的荆条便允许个人割，因为割得越彻底，第二年新条就越多，并不是坏事。那些年，我和许多乡亲一样，冬天要换棉衣，孩子要买纸笔，都是靠孩子们下学去寻些荆条卖钱。

啊，燕山荆，太行棘，它们在困难的时候帮助了我的父老乡亲、兄弟姐妹，让人感激涕零，我要为它们献上我心中的颂歌。

是的，荆棘实在是可亲可敬的，它们都生长在极贫瘠的地方，顽强而坚韧，任刀砍火烧，矢志不移，生命不息；它们都珍重年华，报春情切，酸枣当年结籽，荆条当年有用；它们有同样的情肠，遇火可燃，发光放热；它们有同样的灵魂，枣花黄，荆花紫，一经蜂采粉酿制，便是甘甜芬芳的好蜜。可是，对于这些于贫苦大众有用的蓬勃旺盛的灌木，千古文章，万卷诗书，却很少有人描绘、吟唱过它们，而那些闲花野草，却入诗入画。思念之后，颇有些愤愤不平，物以稀为贵，未免欠公允！我甚至想，从今后再也不用“披荆斩棘”这个词了。

邢台归来之后，眼看快要一年了，我要为荆棘写点儿文字，一直未能动笔。我歌唱荆棘，我祝福荆棘，愿它们得到充足的阳光雨露，愿它们郁郁葱葱，花开画里，蜂唱诗情。我愿自己化作细雨，落到它们的根上，化作春风，抚摩它们的每一片绿叶。

1981 年 10 月 9 日于北斗村

太行柿子红

过去，在招待所，在旅馆，每见“服务真周到，饭香菜也香”一类的赠言就摇头，心想：虽然人生在世离不开吃，可是将这类文字写上锦旗，悬之于墙壁，未免有点儿俗。作家陆文夫写了一篇《美食家》，趣妙而意深，对我震动很大，才觉得不能囿于己见。情之所至，想不到今天我也要写点关于吃的文字了。

去年十月之初，我随文朋诗友进了太行山。寒露前后，黄花满路，霜叶如丹，火红的柿子还没下树，山里依旧是“不是春光，胜似春光”的迷人秋色。文人们都迷山恋水，感情丰富，每到一处都啊呀赞叹，笑语喧喧，像一群打着呼哨的鸽子。为了写作，我曾经走过许多地方，到处扰人。“秀才人情纸半张”，扰人过后或寄上一本刊物，或寄上一纸书信，以表示感谢之意。时间长了，人事变迁，雁书断绝，闲忆往事，总是愧生于内。这回我寻思，这么多人的交通饮食，不知要给当地政府添多少麻烦呢，心里暗暗不安。偏偏邢台地委、邢台县委、浆水镇政府又那么热情，详细地介绍历史风物、人情掌故，让我们尽情地品尝太行的土特产。最让人感动的是，六十八岁的原地委老书记张玉美同志，听说我们要游白云山林场，头天晚上赶到大河菱镁矿，派人到附近几个村买鸡蛋，连夜煮熟，为我们备下作野餐。

城子沟在白云山北麓，山之阳有两三户人家，火红的柿子像灯笼一片，栗树像翠绿缀红的伞盖，遮掩房屋，山枣树上爬满一串牵牛，粉红的花儿盈盈带露，十分静美。我们开始登山的时候，一位身材窈窕的大嫂出门搭话："这么早，还没吃饭吧？快进屋！"那情态，那声音，都是真诚的，没有半点虚假的成分，让人感到亲切。我们在白云山尽情地游了一日，兴尽而返。下山的时候，感到很是疲惫了，脚板尽可能往平处放。不知不觉地走进了问话的那位大嫂的敞院，一看，门前摆满了墩儿、凳儿，主人早就煮好了小米豆粥。主人意诚，大家只好领情。我喝着热乎乎的稀饭，舒舒服服，倦意全消。如此佳境，如此饮料，真比高级酒筵上银耳汤还有味道！屋里屋外都是人，吸吸溜溜地喝粥，轻声慢语地交谈，多像当年子弟兵打仗回来住在老乡家啊。我的家乡也是抗日老区，这情，这景，太相似了，当年太行山的人民不就是这样接待自己的革命队伍吗？县里的同志说，大嫂的父亲就是一位老革命呢。

我问："大嫂，打的粮食够吃吗？"

"俺们这儿土地少，不够。"

自己不够吃，却这样慷慨！

我低头沉思：太行山的父老乡亲像当年欢迎八路军战士一样欢迎我们，我们却不能像战士那样浴血沙场、报效祖国和乡亲，我们胸中的点滴文墨，手中的小小笔杆，该写一些什么样的文字呢？

归途坐在汽车上，欣赏路边的太行秋色，偶见路边采摘过的柿树还飞红数点，我问诗友潘培铭：“是摘丢的吗？”培铭说：“不是，那是有意留给鸟雀的。”我的心弦颤动了，太行山乡亲的心是多么美啊，洁如千载白云，红如霜天枫叶。他们的爱多么博大，他们爱祖国，爱同胞，爱及鸟雀！难怪这几天在太行山到处见喜鹊飞飞了。

太行柿子红，树树送光明。柿性属热，哪怕三九寒天，吃下柿子，一会儿身子就会暖起来。吃下太行山的柿子，喝了太行山人的米粥，情肠应该是热的，血液应该是红的，写出的文章也应该是美的。

1996 年

挖苦荬菜小记

在我的烽火童年，我只吃过三种粮食，它们是玉米、高粱、谷子，而且是敌人刀割下的剩落。日本鬼子为了饿死抗战“无人区”的山民，年年在庄稼灌浆时割青。鬼子自然只管监督，不亲自动手，割庄稼的是部落里的民夫。民夫当然心疼，或割而不断，或用脚踩。被践踏得东倒西歪的庄稼到秋天结籽，也够我们勉强活命。菜，也只吃过三种，它们是倭瓜、黄瓜、豆角，只能在夏秋间才有。到了冬天，鬼子常来，不能挖窖保鲜，自然是什么菜都没有。没有菜的日子，苦熬一冬，草芽一发，我便跟姐姐去寻野菜。除了少得可怜的羊奶子、婆婆丁，主要是挖苦荬菜。苦荬菜贴着地皮，或从石墙缝里钻出来，初红转绿，形状似碟，因此，我们管挖苦荬菜叫挖“苦碟子”。吃苦荬菜，最好是蘸酱，可那时我们没酱，因为石磨让鬼子掀了。豆腐可以不吃，石磨便不用再安装，不像碾子要天天安装，因为天天要吃饭，只得掀下碾砣辘再抬上去。没有酱，在稀粥里放点盐代替。那点盐是舍命换来的，珍贵如命，平时藏在雨淋不到的石缝里。我们挖苦荬菜的范围很小，只限在临时窝棚附近的一里范围之内。因为不知敌人什么时候搜山，时刻准备钻林入洞。苦荬菜味苦，但它是我们最早的野菜，吃过它之后才有木栾芽、山葱、山菠菜、山黄瓜等野菜。因为它苦，老人们说它可败火、清心、明目。苦荬菜宿根，也凭风吹播种。秋生经冬，年头越久长得越大，根儿深且粗，只能挖或铲，而不能采。我和两个姐姐，跑半天也只能挖到一斤半斤的。我们毕竟有了菜吃，解了馋。

有人说，味道不是感觉，是记忆。童年吃过的东西总是最美的，这是生命的记忆。苦荬菜在兵荒马乱年月，成为我的美食、生命的营养，我对它一往情深，终生苦恋。我在家乡劳动那些年，春天下田，见了它总要挖回，蘸了大酱，美美地享受。后来工作在外，年年春归，女儿下学后去为我挖苦荬菜。迁居石家庄以后，吃不到苦荬菜，岁岁春天，若有所失。一九八六年四月还乡，住在半壁山小镇，吃到苦荬菜后，我心悠悠，苦便是甘！

近几年，我大儿子向东有了车，他知我爱吃苦荬菜、山葱、木栾芽，年年春天去太行山寻找，让我享受孝心。上周六，一家人吃过午餐，我大儿子说："咱们挖苦荬菜去，老爷子，你去不?"我说："去。"于是，我和老伴儿、女儿、女婿坐大儿子车向太行山进发。

车子穿过喧嚣闹市，穿过杨柳如烟，逶迤到古老的封龙山梯田上。春风浩荡，白云蓝天，正是宜人时节。凭着地暖，苦荬菜老早放叶的，都是在石墙根下、地边上，或者未秋翻过的梯田里。那是一片果园，没有经过秋翻，苦荬菜很多，我们五口人一会儿就挖了二十多斤。蘸酱，凉拌，美美享受。老伴儿还忽发奇想，给周末团聚的孩子们包苦荬菜馅饺子吃。大家一吃都说好，清新，有荠菜的味道，但比荠菜馅水灵。吃苦荬菜馅饺子，在几百万人口的石家庄市，不知我家是不是独一无二？

太行山上，看春风满面的老伴儿，看西服革履的儿女，享受春光，挖着苦荬菜，回望当年挖菜的姐姐和我：披几缕布条，尘土满面，跑在荒山野地……与野人无异。昔如地狱，今是天堂！

回到家里，我沉思，营养我一生的苦荬菜，除了当代一部小说名《苦菜花》（不知指的是哪种）以外，竟不曾读到关于它的一诗一文。于是，我翻开了《汉语大词典》，在“苦菜”词条下写着：“亦称苦荬。越年生菊科植物。春夏间开花。茎空，叶呈锯形，有白汁，茎叶嫩时均可食，略带苦味，故名。”《礼记·月令》（《孟夏之月》）：“王瓜生，苦菜秀。”明李时珍《本草纲目·菜二·苦菜》：“苦菜，即苦荬也。家栽者呼为苦苣，实一物也。”《解放日报》一九四五年六月十日载：“苦菜，是一种宿根的野草，有白色奶汁，据说是最养人的一种野菜。”我初步想，这里是把苦荬菜和苣荬菜混同一物了。苦荬菜和苣荬菜是两种野菜。同为宿根，同为风播。苣荬菜叶长，色灰，根细而白，横长。苦荬菜单株，根直生。经过秋翻的土地，苦荬菜极少极少，而苣荬菜照样繁茂。吃苦荬菜在早春，吃苣荬菜在初夏。《礼记》所说："王瓜生，苦菜秀。"应指苣荬菜。它们都有奶一样的奶汁，都应是最养人的野菜。不过，苦荬菜因秋翻过土地不生，量少，从不上市。苣荬菜量大，如今已上市。两种苦菜同荠菜一样，皆为野菜中珍品；经冰雪严寒洗礼，应是不热不寒、益寿延年的美食。

写到此处，情也悠悠，意也惋惋。当年挖苦荬菜如在囚笼，今日挖苦荬菜是在自由的天地里；当年吃苦菜是求生，今日吃苦菜是享用绿色食品，换口味，吃新鲜。同是挖苦荬菜，换了人间。

2009年3月30日于安贫乐道斋

镜里的花草

水中捞月难得月，镜里看花真有花！
枯木横托盆景树，形摇影动叶沙沙。

这是我在九寨沟箭竹海边写下的小诗。

那海子浅碧，深蓝，天蓝，孔雀蓝，如幻如梦！水波不兴，澄净透明，像嵌在山谷里的一面明镜。不知是何许年有两棵大树倒在湖里了，一纵一横，交叉而浮，那横木上慢慢地落了些尘土，长了苔藓，长了草；藓草腐烂化作泥土，又长出一丛丛灌木，形成了一横条镜中花草。大自然创造了一首美妙的哲理诗：水中永远不会有实体的月，镜里如今有了有生命的花。

我在海边看得如痴如呆。正是深秋时候，那树叶是金黄色的，那草色是金黄色的，微风徐徐，枝摇影动，碧波漾金，妙不可言。我到过许多名山大川，这样的景观还是第一次见到，这种自然地形成的自然的美，只能此地有，此景也称得上稀世国宝。

1987 年 1 月 16 日

天下第一盆景

岷山主峰雪宝顶北峰流出一条神奇而美丽的溪水，因水里含有碳酸钙质，经千秋万载自然的雕塑，形成无数乳黄色的堤埂，组成数千盆池。大者盈亩，小者如盘，深者丈余，浅者寸许。乳黄色池岸连环，盆满水泄，流成高低瀑布。这美丽的流水就是黄龙。那些盆池，因阳光射来的角度和周围景观的不同，颜色各殊。时赤，时橙，时黄，时绿，五彩变幻，七色交织，荡荡漾漾，艳丽奇艳，为任何人间画笔和颜色所不能描摹，人称为“人间瑶池”。

盆景池在黄龙景区的洗身洞之上，金沙铺地之左。大小彩池十余个，错落有致。池埂如玉镂牙雕，自然，奇巧。池面光洁如镜，纤尘不染，晶晶莹莹，如绿色宝石。池中有莎萝、麻柳，皆千百岁，蓬蓬勃勃，生机无限。树下无杂草野蒿，如在水晶中栽。老干新枝，一花一叶，倒影入池，真真切切。云影天光，静中有动。最大者，面积约半亩，树丛间可以行船。命其名为盆景，是极为准确的。我想，迄今为止，恐怕这世界再无比这更大的盆景了吧？稀世国宝，万载生成，唯愿珍重，与世长存！自从观光以后，时时回忆，如在目前，因此写成了小词《如梦令》：

玉镂牙雕池埂，半亩天光云影。花树自婷婷，万载常新古董。珍重，珍重，天下第一盆景！

1987年1月16日于石家庄

嶂石回音

人类和自己交谈最开心的方式莫过于到远山去寻回音壁，向壁一呼，静听自己的声音回振耳膜，如灵泉回灌心田。凡山岩构成弧形者，一般都有回音。在中国，在世界，天然回音壁很多，而已被发现的世界回音壁之最，则在我市的嶂石岩旅游区纸糊套景区内。一九九七年被收入《吉尼斯世界大全》。南京师范大学美术系教授陈传席先生看过后惊叹："天下奇观!"我认为，若将其命名为"嶂石回音"，作为石家庄十景参评，可能会得票很多吧。

游"嶂石回音"不难，自西格台出发，过义军的哨石，入纸糊套，经槐泉寺，观过"鱼石画屏"，上行至一栈岩根，左行便是。是处，崖壁高九十四米至一百〇八米，弧二百五十一度。坐西面南，口小腹大，成倒"U"形。谷中树茂草丰，站在西端面壁一呼，几秒钟内便可听见被放大若干倍的自己的声音，清晰无差。天光云影，野草山花，都沐浴在那回音里。自己的身、自己的心也浸在自己浓浓的声情里。

"嶂石回音"之奇，奇在是大自然的造化之功。经日之光月之华的冶炼，是风之刀雨之剑的雕刻，是电之光雷之火的杰作，非一朝一夕之工，经亿万斯年乃成，是任何人造的景观难以相比的。

“嶂石回音”处，人们在观春红、观夏绿、观霜叶、观冬雪的同时，还可面壁而唤。呼自己，唤亲人，呼友人，尽情地宣泄胸中的激情，深深地感受生命的美丽。

图书在版编目（CIP）数据

搭石 / 刘章著. -- 武汉 ：长江文艺出版社,
2024.6
ISBN 978-7-5702-3557-5

Ⅰ. ①搭… Ⅱ. ①刘… Ⅲ. ①散文集－中国－当代
Ⅳ. ①I267

中国国家版本馆 CIP 数据核字(2024)第 082053 号

搭石
DA SHI

责任编辑：胡　璇　　　　责任校对：毛季慧
封面设计：天行云翼 ·宋晓亮　　　　责任印制：邱　莉　王光兴

出版：长江出版传媒　长江文艺出版社
地址：武汉市雄楚大街 268 号　　　　邮编：430070
发行：长江文艺出版社
http://www.cjlap.com
印刷：武汉中远印务有限公司

开本：640 毫米×970 毫米　1/16　印张：6.75　插页：4 页
版次：2024 年 6 月第 1 版　　2024 年 6 月第 1 次印刷
字数：66 千字

定价：22.00 元